de Gruyter Lehrbuch

Dworatschek · Schaltalgebra

Schaltalgebra und digitale Grundschaltungen

Teilprogrammierter Text

von

Sebastian Dworatschek

unter Mitarbeit von *Hermann Gehring*

mit zahlreichen Bildern
und 73 Übungsaufgaben mit Lösungen

Walter de Gruyter & Co · Berlin 1970

vormals G. J. Göschen'sche Verlagshandlung · J. Guttentag, Verlagsbuchhandlung · Georg Reimer · Karl J. Trübner · Veit & Comp.

 Archiv-Nr. 12 06 70 4 – Satz: IBM-Composer, Walter de Gruyter & Co. – Druck: Neue Presse, Coburg – Printed in Germany

Vorwort

Die digitale Schaltungstechnik wurde in der Datenverarbeitung entwickelt und findet immer mehr auch in der Regelungs-, Steuerungs-, Meß- und Fernmeldetechnik Eingang. Ingenieure und Techniker, Studierende und Praktiker mit recht unterschiedlichen Arbeitsgebieten müssen sich demnach heute mit der digitalen Schaltungstechnik vertraut machen.

Das Buch basiert auf Lehrgängen, die der Verfasser für diesen Personenkreis durchgeführt hat. Der erste Teil behandelt die Schaltalgebra (Boole'sche Algebra), die der formalen, algebraischen Darstellung von Schaltfunktionen und der Aufwandsminimierung dient. Dieser Teil baut auf dem gleichlautenden Kapitel in ‚Einführung in die Datenverarbeitung' (S. Dworatschek) auf. Der zweite Teil zeigt nach der Erklärung der Schalterfunktion von Diode und Transistor die elektronische Realisierung von digitalen Grundschaltungen, wie AND, OR und Kippstufen.

Das Buch wurde als teilprogrammierter Text geschrieben, d. h., jedes Kapitel umfaßt die Stoffdarstellung, eine bzw. mehrere Übungs- oder Kontrollaufgaben, Stoffwiederholung und -ergänzung durch Lösungsangaben. Diese Dreiteilung wurde durch unterschiedliche Farbgebung gekennzeichnet (schwarz, rote Strichmarkierung, rot). Die teilprogrammierte Form besitzt den Vorteil der Aktivierung des Lesers und der Auflockerung des Stoffes, ohne an Übersichtlichkeit zu verlieren. Diese Einführung in die digitale Schaltungstechnik eignet sich demnach zum Selbststudium und als Lehrgangsunterlage. Ein weiterführender Band ‚Anwendungen der digitalen Schaltungstechnik' (ebenfalls teilprogrammiert) ist in Vorbereitung.

Aachen, im Mai 1970 *S. Dworatschek*

Inhaltsverzeichnis

I. Schaltalgebra

1. Die Entwicklung der Schaltalgebra

Zwei Entwicklungsstufen führten zur heute gebräuchlichen Schaltalgebra: die mathematische Logik und die Bool'sche Algebra.

Die *mathematische Logik* geht auf den griechischen Philosophen Aristoteles (384–322 v. Chr.) zurück. Um den Wahrheitsgehalt von Aussagen und deren Verknüpfungen zu untersuchen, benützte er den heute noch üblichen zweiwertigen Aussagenkalkül. Darin wird den Aussagen einer von zwei Wahrheitswerten zugeordnet. Die Aussagen sind entweder ‚wahr' oder ‚falsch' – eine andere Möglichkeit wird nicht zugelassen und ist auch nicht definiert. Der Wahrheitsgehalt einer Aussage ist demnach objektiv eine zweiwertige Größe – oder m. a. W. eine binäre Größe. Auf die spezifische, subjektive Bedeutung der Aussage für den Empfänger wird nicht eingegangen.

Zwei oder mehr Aussagen können nach bestimmten Regeln und Gesetzen zu neuen Aussagen verknüpft werden. Auch diese Verknüpfungsaussagen sind zweiwertiger Natur, d. h. sie können ‚wahr' oder ‚falsch' sein. Ihr Wahrheitswert ist aber durch die Verknüpfungsregeln aus den Worten der Ursprungsaussagen heraus eindeutig festgelegt.

Diese Beschränkung auf binäre Größen bedeutet keinesfalls eine Einschränkung der Aussagefähigkeit. Die mathematische Logik zeigt, daß sich alle mehrwertigen Aussagen auf die elementaren Wahrheitswerte ‚wahr' und ‚falsch' zurückführen lassen, ohne an Gehalt zu verlieren.

Beispiel für die Rückführung auf binäre Wahrheitswerte:

Die keineswegs binäre Aussage, daß während einer Woche nur an 2 Tagen, nämlich Sa und So, nicht gearbeitet wird, läßt sich durch folgende sieben Aussagen mit binärem Charakter (nämlich ‚wahr' oder ‚falsch') darstellen:

Aussage:		(binärer) Wahrheitswert:
Mo	wird gearbeitet	wahr
Di	wird gearbeitet	wahr
Mi	wird gearbeitet	wahr
Do	wird gearbeitet	wahr
Fr	wird gearbeitet	wahr
Sa	wird gearbeitet	falsch
So	wird gearbeitet	falsch

Beispiel für die Verknüpfung von zwei binären Aussagen:

Die Aussage ‚es regnet' kann ebenso wie die Aussage ‚es ist Sonntag' entweder ‚wahr' oder ‚falsch' sein; m. a. W. wir haben zwei Aussagenvariable vorliegen.

Verknüpfen wir die Aussagenvariablen, so erhalten wir eine neue Aussage:
‚Ich gehe ins Kino, wenn es regnet
und wenn es Sonntag ist'

Diese Aussage ist eine eindeutige Funktion der beiden ersten. Sie ist dann und *nur dann* ‚wahr', wenn die beiden ersten Aussagen *gleichzeitig* erfüllt, d. h., ‚wahr' sind. Also nur dann, wenn es sowohl regnet als auch Sonntag ist. Wir werden sehen, daß dies eine AND-Verknüpfung ist.

Aufgabe 1

Welche Wahrheitswerte sind der Verknüpfungsaussage ‚ich gehe ins Kino' in den vier möglichen Kombinationsfällen der beiden Ursprungsaussagen zuzuordnen?

Ursprungsaussagen:		Verknüpfungsaussage:
es regnet	es ist Sonntag	ich gehe ins Kino
falsch	falsch	. . . . . .
falsch	. . . . . .	. . . . . .
. . . . . .	. . . . . .	. . . . . .
. . . . . .	. . . . . .	. . . . . .

An diesem einfachen Beispiel schon kann man sehen, daß die textmäßige Darstellungsform solcher Aussagen in ihrer Verknüpfung recht umständlich ist. Bei mehr als zwei Ursprungsaussagen verliert die Wiedergabe als Text sehr schnell an Übersichtlichkeit.

In der Mitte des vorigen Jahrhunderts hat George Boole – aufbauend auf der gewöhnlichen Algebra – einen eigenen Formalismus für die mathematische Behandlung derartiger Aussagenverknüpfungen entwickelt.

Zum Zwecke des Vergleichs sei hier auf die gewöhnliche Algebra zurückgegriffen. Grundgrößen sind dort sog. Variable, die beliebige Zahlenwerte annehmen können. Durch Verknüpfung derartiger Variabler nach bestimmten Gesetzen, wie Addition oder Multiplikation, entsteht eine neue Größe. Sie wird Funktion der ursprünglichen Variablen genannt.

Beispiel:

Benützt werden 3 Variable: x_1, x_2 und x_3. Über die Verknüpfungsgesetze: Multiplikation und Addition entsteht die Funktionsgröße y:

$$y = x_1 + x_2 \cdot x_3$$

Im konkreten Fall nehmen die Variablen spezielle Zahlenwerte an. Hier sei z. B.: $x_1 = 2$, $x_2 = 7$ und $x_3 = 5$. Für die Funktion errechnet sich hiermit eindeutig der Zahlenwert 37:

$$y = 2 + 7 \cdot 5$$
$$y = 37$$

Denkt man primär an den ganzen Ausdruck $y = x_1 + x_2 \cdot x_3$, so spricht man von der *Funktion y.* y kann jedoch auch als Variable für weitere Verknüpfungen dienen. Steht also mehr der Zahlenwert für y im Vordergrund, so nennt man y eine *Ausgangs-* oder *Ergebnis-Variable.*

George Boole übertrug die Erkenntnisse und Erfahrungen aus der Darstellungsmethode der gewöhnlichen Algebra auf die mathematische Logik. Diesen Formalismus nennt man *Boole'sche Algebra* (engl.: boolean algebra), manchmal auch logische Algebra. Den Variablen der gewöhnlichen Algebra entsprechen die Aussagen der Boole'schen Algebra. Ein bedeutender und zugleich vereinfachender Unterschied besteht allerdings. Im Gegensatz zu den Variablen der gewöhnlichen Algebra können die Aussagen(-variablen) nur einen von zwei Werten annehmen: entweder ‚wahr' oder ‚falsch'. Für diese beiden Wahrheitswerte der Aussagen wird das Binäralphabet benützt, das in der digitalen Datenverarbeitungstechnik oft mit O oder L abgekürzt wird. Es sei vereinbart:

L = ‚wahr' O = ‚falsch'

Aussagenvariable können nach eindeutig definierten Verknüpfungsarten zu neuen Aussagen verbunden werden – ähnlich der Funktion bzw. Ergebnisvariablen y. Für diese Verknüpfungsarten werden Kurzzeichen definiert – ebenso wie in der gewöhnlichen Algebra für die Addition das Zeichen + eingeführt wurde. Eindeutige Rechenregeln erlauben es dann, mit den Aussagenvariablen und den Kurzzeichen zu ‚rechnen'.

Die Darstellungsart der Boole'schen Algebra eignet sich besonders gut zur Beschreibung digitaler, meist elektronischer Schaltungstechnik. Die digitale Schaltungstechnik wurde vor allem als Hilfsmethode zur Konstruktion von elektronischen DVA entwickelt, setzte sich aber immer mehr in vielen anderen Zweigen der Elektrotechnik, wie Meß-, Regel- und Steuerungstechnik durch. Im Gegensatz zur konventionellen, analogen Schaltungstechnik arbeitet sie mit diskreten, zweiwertigen Ein- und Ausgangsspannungswerten, sog. binären Impulsen. Wird der Formalismus der Boole'schen Algebra zur Beschreibung derartiger digitaler Schaltungsvorgänge angewandt, so spricht man von der *‚Schaltalgebra'* (engl.: switching algebra).

Die Schaltalgebra ist damit ein spezieller Anwendungsbereich der Boole'schen Algebra. Als elementares Arbeitsmodell dient folgendes Schema:

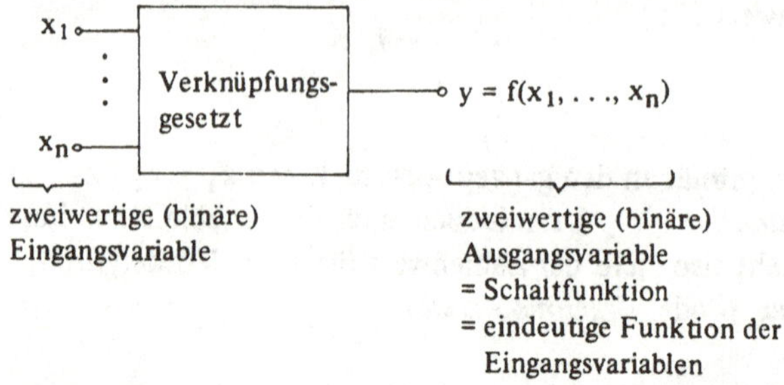

Aufgabe 2

Welcher der beiden Begriffe ‚Boole'sche Algebra' und ‚Schaltalgebra' ist der umfassendere?

2. Grundfunktionen

Als Grundfunktionen seien die mit Identität, Negation, AND und OR benannten Verknüpfungsgesetze binärer Eingangsvariablen bezeichnet. Für sie werden eigene Kurzzeichen eingeführt. Alle anderen denkbaren Verknüpfungsgesetze lassen sich auf diese Grundfunktionen zurückführen.

2.1. Identität und Negation

Die einfachsten und trivialen Schaltfunktionen sind die Identität und die Negation. Die Ausgangsvariable y entsteht als Funktion nur *einer* Eingangsvariabler x.

a) Identität

Die Identität zwischen der Eingangsvariablen x und der Ausgangsvariablen y wird wie folgt definiert:

$$y = L \quad \text{wenn} \quad x = L$$
$$\text{und} \quad y = O \quad \text{wenn} \quad x = O$$

Antwort 1

es regnet	es ist Sonntag	ich gehe ins Kino
falsch	falsch	falsch
falsch	wahr	falsch
wahr	falsch	falsch
wahr	wahr	wahr

Man kann demnach einfacher schreiben:

Identität: $y = x$

Es ist leicht einzusehen, daß die Identität in der Schaltalgebra keine große Rolle spielen wird. Denn wozu sollte man eine neue Größe y einführen, wenn sie ohnehin mit einer vorhandenen Größe x identisch ist?

b) Negation

Die Negation zwischen der Eingangsvariablen x und der Ausgangsvariablen y ist folgendermaßen definiert:

$$y = L \quad \text{wenn} \quad x = O$$

$$\text{und} \quad y = O \quad \text{wenn} \quad x = L$$

Die Negation stellt also einfach die Umkehrung des Wahrheitswertes dar. Für die Negation schreibt man allgemein:

Negation: $y = \overline{x}$

(sprich: y ist gleich x nicht)

Die Aussage „heute ist Werktag" kann als Negation der Aussage „heute ist Sonntag" aufgefaßt werden. Die Negation ist, im Gegensatz zur Identität, von großer Bedeutung einerseits für die Rechenregeln der Schaltalgebra und andererseits für die technische Realisierung von Schaltfunktionen mit elektrischen Schaltkreisen.

Aufgabe 3

Was bedeutet die zweistufig angewandte Negation:

1. $y = \overline{x}$
2. $z = \overline{y}$?

Identität und Negation arbeiten mit nur einer Eingangsvariablen. Meist zwei, aber auch mehrere Eingangsvariable benützen die Funktionen AND und OR. Sie werden im folgenden zunächst verbal formuliert an jeweils zwei praktischen Beispielen erläutert.

2.2. AND-Funktion

Definition: AND-Funktion Die Ausgangsvariable y ist dann und *nur* dann ‚wahr' (L), wenn *alle* Eingangsvariablen $x_1, x_2, \ldots, x_n$ gleichzeitig ‚wahr' (L) sind.

Ist diese Bedingung nicht erfüllt, d. h. ist *wenigstens eine* der Variablen $x_1, x_2, \ldots, x_n$ ‚falsch' (O), so ist auch die Ergebnisgröße y ‚falsch' (O).

Neben der englischen Bezeichnung als AND-Funktion, wird häufig auch die deutsche Bezeichnung als UND-Funktion oder der Ausdruck „*Konjunktion*" angewandt.

Als Gedächtnisstütze für die Charakterisierung der AND-Funktion dient am besten der Ausdruck ‚alle (Eingangsvariablen) gleichzeitig L'.

Der Übersichtlichkeit wegen seien in den folgenden zwei Beispielen nur drei Eingangsvariable x_1, x_2 und x_3 benützt.

Beispiel 1: (AND-Funktion)

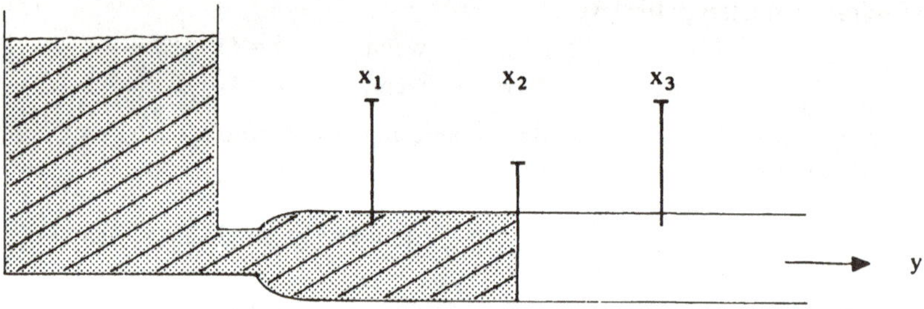

Wir denken uns einen Wasserbehälter mit einem Abflußrohr. In dieses Abflußrohr seien drei Sperrschieber eingebracht. Wir verabreden, daß diese Schieber nur eine von zwei Positionen einnehmen können:
entweder: ganz herausgezogen (entspricht ‚wahr' bzw. L)
oder: den Wasserfluß ganz sperrend (entspricht ‚falsch' bzw. O).
Zwischenpositionen seien nicht zugelassen.

Antwort 2

Boole'sche Algebra, da die Schaltalgebra ein spezieller Anwendungsbereich derselben ist.

Antwort 3

Die zweistufig angewandte Negation:

$$y = \overline{x} \quad \text{und} \quad z = \overline{y}$$

bedeutet die Identität:

$$z = \overline{y} = \overline{\overline{x}} = x$$

$$z = x$$

Die Aussage: ‚am Rohrausgang fließt Wasser' kürzen wir mit der Boole'schen Größe y ab. Damit ist:
$y = L$, wenn tatsächlich Wasser fließt,
$y = O$, wenn kein Wasser fließt.
Dem Bild entnehmen wir, daß dann und *nur* dann am Rohrausgang Wasser fließen kann, wenn alle drei Schieber x_1, x_2, x_3 offen sind, d. h., auf ‚wahr' (L) stehen. $y = L$ ist also nur möglich, wenn $x_1 = L$, $x_2 = L$, $x_3 = L$ – dies entspricht aber genau der Definition der AND-Funktion. Diese Wasserrohranordnung stellt also eine Verwirklichung der AND-Funktion dar.

Die Konstellation der Schieber, wie sie im Bild gezeichnet ist, ergibt $y = O$, da zwar $x_1 = L$ und $x_3 = L$, aber $x_2 = O$ angegeben ist.

Aufgabe 4

Wieviel Konstellationen dieses Systems von drei Schiebern sind denkbar und bei wievielen davon fließt Wasser, d. h. ist $y = L$?

Beispiel 2: (AND-Funktion)

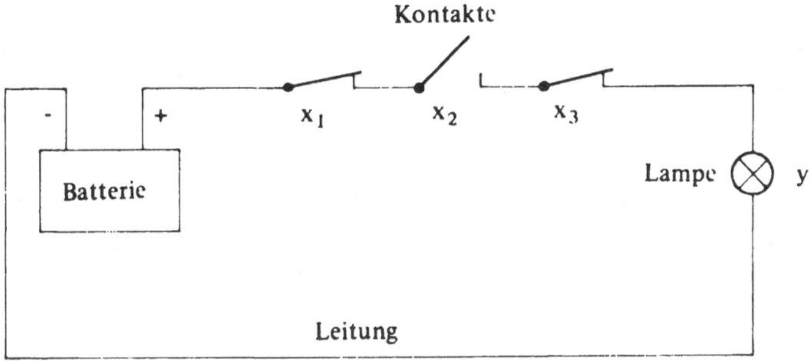

Werden in einen Leitungsdraht, der eine Batterie mit einer Lampe verbindet, drei Kontakte in Reihe eingebaut, so realisiert dieser Stromkreis eine AND-Funktion, wenn folgende Verabredungen gelten:
für die Variablen x_1, x_2, x_3 gilt:
„Kontakt offen" entspricht O
„Kontakt geschlossen" entspricht L
für die Ausgangsvariable y gilt:
„Lampe aus" entspricht O
„Lampe brennt" entspricht L

Aus dem Bild entnehmen wir, daß die Lampe dann und *nur* dann brennt, wenn *alle* drei Kontakte geschlossen sind.

Unter Beachtung obiger Verabredungen kann man sagen:
$y = L$ kann nur auftreten, wenn gleichzeitig $x_1 = L$, $x_2 = L$ und $x_3 = L$ sind.
Die Schaltungsanordnung verwirklicht also die AND-Funktion.

Im Bild ist $y = O$, da zwar $x_1 = L$ und $x_3 = L$, aber $x_2 = O$.

2.3. OR-Funktion

Definition: OR-Funktion

Die Ausgangsvariable y ist dann ‚wahr' (L), wenn eine *oder* mehrere der Eingangsvariablen $x_1, x_2, \ldots, x_n$ ‚wahr' (L) sind.

Die Ergebnisgröße y ist also ‚wahr' (L), wenn ***wenigstens eine*** Eingangsvariable ‚wahr' (L) ist.
oder: die Ergebnisgröße y ist dann und *nur* dann ‚falsch' (O), wenn *alle* Eingangsvariablen $x_1, x_2, \ldots, x_n$ ‚falsch' sind.

Der deutsche Ausdruck für die englische Bezeichnung OR ist ODER-Funktion.

An dieser Stelle sei auf einen häufig begangenen Fehler hingewiesen. Die OR-Funktion stimmt nicht ganz mit dem Sinn des Wortes ‚oder' in der Umgangssprache überein. Dort wird das Wort ‚oder' nämlich meist im Sinne von ‚entweder – oder', d. h., als Alternativkennzeichnung, angewandt. Die OR-Funktion ist dagegen auch dann ‚wahr', wenn *beide* Eingangsvariablen ‚wahr' sind.

In der Boole'schen Algebra unterscheidet man die OR-Funktion durch die Bezeichnung als „inclusives Oder" von dem umgangssprachlichen „Entweder – Oder", das als „exclusives Oder" gekennzeichnet wird. Für die OR-Funktion wurde auch der Ausdruck *„Disjunktion"* eingeführt.

Der einfachste Merksatz für die OR-Funktion lautet:
„wenigstens eine (der Eingangsvariablen) ist L!"

Die Definition der OR-Funktion kann an ähnlichen zwei Beispielen, wie die AND-Funktion, verdeutlicht werden. Der Einfachheit wegen werden auch hier nur drei Eingangsvariable x_1, x_2 und x_3 gewählt.

Beispiel 1: (OR-Funktion)

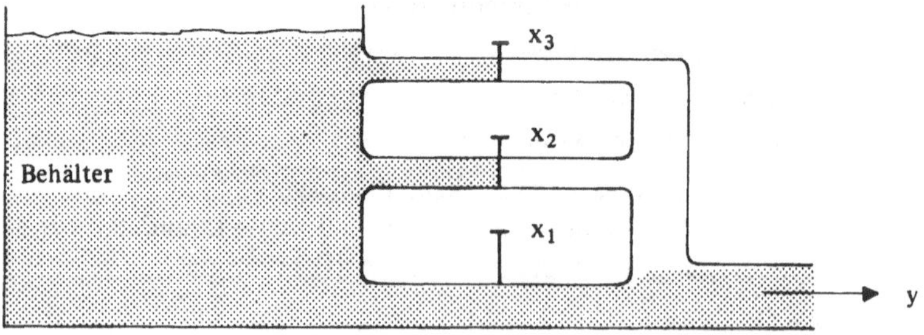

Dem Wasserbehälter werden nun drei parallel liegende Schieber x_1, x_2 und x_3 nachgeschaltet, die zu einem gemeinsamen Abflußrohr (y) führen. Die Deutung der Variablenwerte entspricht der von S. 14.

Durch das Abflußrohr fließt schon dann Wasser, wenn wenigstens einer der drei Schieber x_1, x_2, x_3 geöffnet ist. Der Fall $y = O$ kann also nur dann auftreten, wenn alle drei Schieber geschlossen sind, d. h. wenn gleichzeitig $x_1 = O$, $x_2 = O$ und $x_3 = O$. Dies entspricht aber der Definition der OR-Funktion.

Die im Bild angegebene Konstellation der Schieber ergibt $y = L$, da zwar $x_2 = O$ und $x_3 = 0$, aber $x_1 = L$.

Beispiel 2: (OR-Funktion)

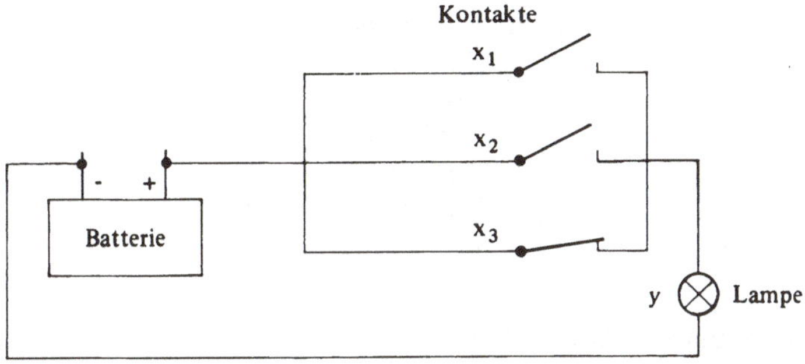

Im Gegensatz zu S. 15 schließen wir in diesem Fall die Lampe über drei parallele Drahtstücke mit je einem Kontakt an die Batterie. Die Verabredungen bzgl. x_1, x_2, x_3, y, gelten auch hier.

Die Lampe brennt ($y = L$), wenn ein oder mehrere Kontakte geschlossen sind – jedenfalls, wenn wenigstens ein Kontakt geschlossen ist (im Bild ist es Kontakt 3). Die Lampe brennt nur dann nicht, wenn *alle* drei Kontakte offen sind. Die Schaltanordnung realisiert also die OR-Funktion.

Die Kontakt-Konstellation $x_1 = O$, $x_2 = O$ und $x_3 = L$ im Bild führt dazu, daß die Lampe brennt, d. h. $y = L$.

Aufgabe 5

Wieviel Konstellationen dieser Parallel-Kontakte sind denkbar und bei wievielen davon brennt die Lampe, d. h. ist $y = L$?

Antwort 4

Zahl der Konstellationen: $2^3 = 8$

Nur 1 Konstellation bewirkt $y = L$, nämlich: alle drei Schieber geöffnet ($x_1 = x_2 = x_3 = L$)

3. Darstellungsarten

In diesem Kapitel werden die Möglichkeiten angeführt, eine Schaltfunktion rein formal darzustellen. Die verschiedenen Darstellungsarten sind nicht durchweg gleichwertig. Von Fall zu Fall ist zu entscheiden, welche Darstellungsweise am anschaulichsten und aussagefähigsten ist.

An Hand der Grundfunktionen, insbesondere der AND- und OR-Funktionen, sollen sechs Methoden der Beschreibung von Funktionen angeführt werden. Es sind dies die Darstellung mit:

1. Kurzzeichen
2. Wertetafel
3. Kontaktskizze
4. Symbolen
5. Mengen
6. Karnaugh-Diagramm

3.1. Kurzzeichen-Darstellung

In der gewöhnlichen Algebra verwendet man das Zeichen + für die Verknüpfungsart „Addition", das Zeichen · für die „Multiplikation" etc.

Entsprechender Formalismus wird auch in der Boole'schen Algebra und damit auch der Schaltalgebra angewandt. In der Literatur werden nicht einheitliche Kurzzeichen benützt. Im folgenden werden die Zeichen –, &, V gewählt.

Schaltfunktion	hier gewählte Zeichen	weitere Schreibweisen in der Literatur	
Negation	–	¬	-
Konjunktion (AND)	&	$\wedge$	.
Disjunktion (OR)	V	V	+

Antwort 5

Zahl der Konstellationen: $2^3 = 8$

Nur bei 1 Konstellation, nämlich alle Kontakte offen, brennt die Lampe nicht. Damit brennt die Lampe bei 7 Konstellationen der insgesamt 8 möglichen.

Greifen wir nun auf die früheren Beispiele mit dem Wasserbehälter zurück. Die Aussage, ob im Ausflußrohr von S. 14 Wasser fließt oder nicht, d. h. ob $y = L$ oder $y = O$, würde demnach mit den Kurzzeichen wie folgt lauten:

$$y = x_1 \& x_2 \& x_3$$

y ist eine AND-Funktion dreier Eingangsvariabler.

Die Aussage für das Bild auf S. 16 dagegen entspricht einer OR-Funktion:

$$y = x_1 \vee x_2 \vee x_3$$

In allgemeiner Form:

Die **Konjunktion** y zwischen den n Eingangsvariablen $x_1, x_2, \ldots\ldots x_n$ lautet:

$$y = x_1 \& x_2 \& \ldots\ldots\ldots\ldots \& x_n$$

Die **Disjunktion** y zwischen den n Eingangsvariablen $x_1, x_2, \ldots\ldots x_n$ lautet:

$$y = x_1 \vee x_2 \vee \ldots\ldots\ldots\ldots \vee x_n$$

Die Darstellung einer logischen Funktion mit Kurzzeichen bezeichnet man meist als **Schaltfunktion.**

Aufgabe 6

Wie lautet die Schaltfunktion der 5 Eingangsvariablen x_1, x_2, x_3, x_4, x_5, deren Ausgangsvariable y nur dann O wird, wenn zugleich alle 5 Eingangsvariablen O sind? (Name und Schreibweise)

3.2. Die Wertetafel

Eine andere, sehr übersichtliche und auch häufig angewandte Methode, Schaltfunktionen darzustellen, ist die Wertetafel. Für jede Eingangsvariable sowie für die Ausgangsvariable y wird je eine Spalte bereitgestellt. Nun werden alle möglichen Kombinationen der Eingangsvariablen für die zulässigen Werte O und L eingetragen. Laut Verknüpfungsregel ergibt sich dann dazu der eindeutige Wert (O oder L) der Ausgangsvariablen y. Auf S. 10 wurde eine Wertetafel schon als Aufgabe in verbaler Form angeschrieben (Aufgabe 1).

Für die Identität und die Negation ist die Wertetafel sehr einfach aufgebaut, weil die Ausgangsvariable y nur von einer Eingangsvariablen x abhängt.

Wertetafel für:

Identität

x	y
O	O
L	L

Negation

x	y
O	L
L	O

Die Wertetafel der Konjunktion (AND) und ebenso der Disjunktion (OR) von zwei Eingangsvariablen x_1 und x_2 besitzt 4 Zeilen. Da jede der beiden Variablen 2 Werte (O, L) annehmen kann, sind nämlich $2^2 = 4$ Kombinationen und damit 4 Zeilen bildbar.

Wertetafel für:

Konjunktion (AND)

x_1	x_2	y
O	O	O
O	L	O
L	O	O
L	L	L

Disjunktion (OR)

x_1	x_2	y
O	O	O
O	L	L
L	O	L
L	L	L

Die Interpretation der 3. Zeile der Wertetafel für die Konjunktion besagt beispielsweise: wenn $x_1 = L$ und $x_2 = O$ ist, dann nimmt die Ausgangsvariable y den Wert O an.

Die Wertetafel erweist sich bei Verknüpfungen mit mehreren Eingangsvariablen als sehr nützlich.

Aufgabe 7

Wie lautet die Wertetafel für folgende Schaltfunktion:

$$y = x_1 \vee x_2 \vee x_3$$

x_1	x_2	x_3	y
O	O	O	.
O	O	L	.
.	.	.	.
.	.	.	.
.	.	.	.
.	.	.	.
.	.	.	.
L	L	L	.

Antwort 6

Disjunktion (OR-Funktion): $y = x_1 \vee x_2 \vee x_3 \vee x_4 \vee x_5$

3.3. Die Kontaktskizze

Die verschiedenen logischen Verknüpfungen können auch durch Kontaktskizzen dargestellt werden. Der Kontakt hat aus seinem Aufbau heraus schon binären Charakter – er ist entweder geöffnet oder geschlossen.

Die Darstellungsweise mit Kontakten wurde bei der Relaisschalttechnik entwikkelt. Dabei unterscheidet man prinzipiell zwei Grundtypen von Kontakten: den Arbeitskontakt und den Ruhekontakt.

Beide Kontaktarten werden grundsätzlich in *der* Stellung in die Skizze eingezeichnet, in der das Relais unerregt ist.

Der Arbeitskontakt schließt den Strompfad – wie der Name schon sagt – wenn das Relais ‚arbeitet', d. h., erregt wird. (Die Erregung des Relais geschieht einfach, indem man seine Erregerwicklungen an elektrische Spannung legt.)

Der Ruhekontakt dagegen ist dann geschlossen, wenn das Relais ‚in Ruhe', d. h., unerregt ist.

Wir vereinbaren nun:
für die Eingangsvariable (= Relaiserregung)

$x = L$, wenn das Relais erregt ist
$x = O$, wenn das Relais in Ruhe ist

oder, was dasselbe bedeutet:

$\bar{x} = L$, wenn das Relais in Ruhe ist

für die Ausgangsvariable (= Ausgangs-Strompfad)

$y = L$, wenn der Ausgangs-Strompfad über den Kontakt hinweg geschlossen ist.
$y = O$, wenn der Ausgangs-Strompfad unterbrochen ist.

Beispiel: Identität

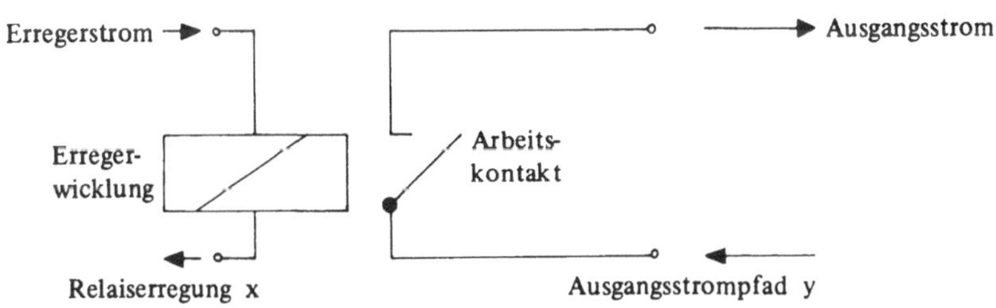

Erreger-strom fließt	Relais erregt	Eingangs-variable x
nein	nein	O
ja	ja	L

Arbeits-kontakt geschl.	Ausgangs-strom fließt	y = x, d. h.: Identität
nein	nein	O
ja	ja	L

In die vereinfachte Kontaktskizze werden die Erregerwicklungen nicht eingezeichnet. Nur die Kontakte werden skizziert. Muß das Relais erregt sein (bzw. *nicht* erregt sein), um die Ausgangsvariable y zu L zu machen, so schreiben wir neben den Kontakt den Wert x (bzw. $\overline{x}$). Der Arbeitskontakt erhält die Kennung x, da er nur bei erregtem Relais (x = L) den Ausgangsstrompfad schließt (y = L). Der Ruhekontakt ergibt y = L nur bei unerregtem Relais, d. h. für x = O bzw. was das gleiche bedeutet, für $\overline{x}$ = L. Der Ruhekontakt trägt demnach die Markierung $\overline{x}$. Ein Relais mit Ruhekontakt realisiert damit die Negation, ein Relais mit Arbeitskontakt die Identität.

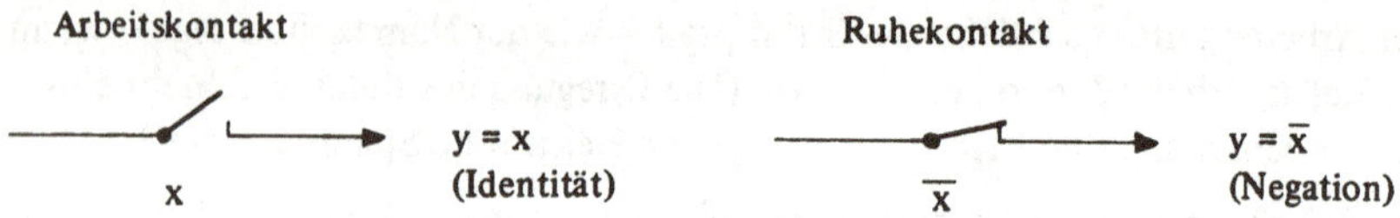

Ein Arbeitskontakt läßt sich mit einem Ruhekontakt zu einem sog. Umschaltekontakt kombinieren. Ein derartiger Doppelkontakt läßt sich in der Relaistechnik einfach herstellen.

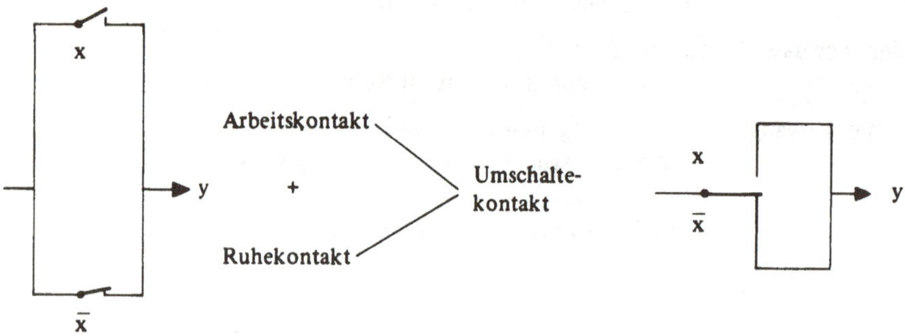

Antwort 7

x_1	x_2	x_3	$y\ (= x_1 \vee x_2 \vee x_3)$
O	O	O	O
O	O	L	L
O	L	O	L
O	L	L	L
L	O	O	L
L	O	L	L
L	L	O	L
L	L	L	L

Aufgabe 8

Was versteht man unter einem Arbeitskontakt in der Relaistechnik?

a) Kontakt eines Relais, der öffnet, sobald das Relais erregt wird.
b) Kontakt, der von einem Ausgangskontakt zu einem anderen umschaltet, sobald das Relais erregt wird.
c) Kontakt, der schließt, sobald das Relais erregt wird.

Diese kurze Einführung in das weite Gebiet der Relaiskontakte wird für das Verständnis der logischen Funktionsweise von Kontaktskizzen genügen. Mit der Kenntnis dieser einfachen Zusammenhänge sind wir nämlich schon in der Lage, Kontaktskizzen für kompliziertere Funktionen aufzustellen und gegebenenfalls zu vereinfachen, d. h., die Zahl der Kontakte zu verringern.

Die Kontaktskizzen für die Grundfunktionen sind recht anschaulich:

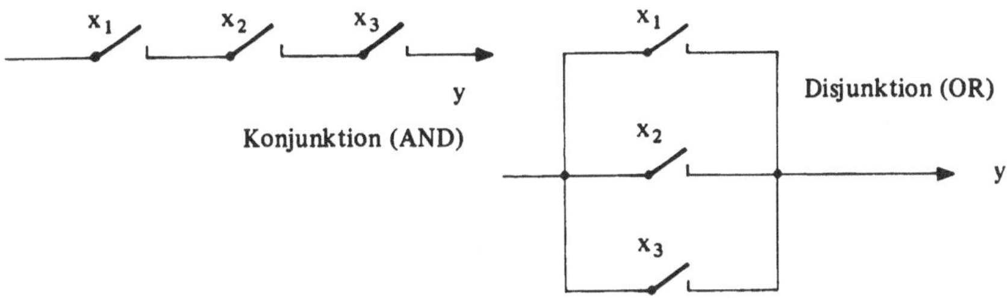

Die Konjunktion (AND) kann durch Reihenschaltung von Arbeitskontakten für die Eingangsvariablen als Kontaktskizze angegeben werden. Der Ausgangsstrompfad ist nur geschlossen ($y = L$), wenn alle Kontakte geschlossen sind, d. h. wenn alle $x_i = L$.

Die Kontaktskizze für die Disjunktion (OR) zeigt parallele Arbeitskontakte, von denen einer allein schon im geschlossenen Zustand den Strompfad schließt, d. h. $y = L$ bewirkt.

Aufgabe 9

Wie ist die Kontaktskizze für folgende Schaltfunktionen aufgebaut:

a) $y = x_1 \vee \overline{x}_2$
b) $y = \overline{x}_1 \,\&\, x_2$

3.4. Symboldarstellung

Eine weitere Darstellungsmöglichkeit logischer Funktionen finden wir in der Symboldarstellung. Sie arbeitet mit zeichnerischen Symbolen für die verschiedenen Grundfunktionen. Leider hat sich in der Literatur noch keine einheitliche Symboldarstellung durchgesetzt.

Die Symboldarstellung folgt unmittelbar aus der mit Kurzzeichen widergegebenen Schaltfunktion.

Für die Negation, die AND- sowie die OR-Funktion sind eigene Symbole vorgesehen. Die Symboldarstellung bildet eine Übergangsform zum reinen Schaltungsplan, der die elektrischen Bauelemente und ihre gegenseitigen elektrischen Verbindungen angibt. Sie wird deshalb vor allem beim logischen Entwurf von digitalen Baugruppen elektronischer Datenverarbeitungsanlagen angewandt.

Im folgenden Bild sind für die Grundfunktionen ihre Symboldarstellung und die dazugehörige Kurzzeichendarstellung angegeben.

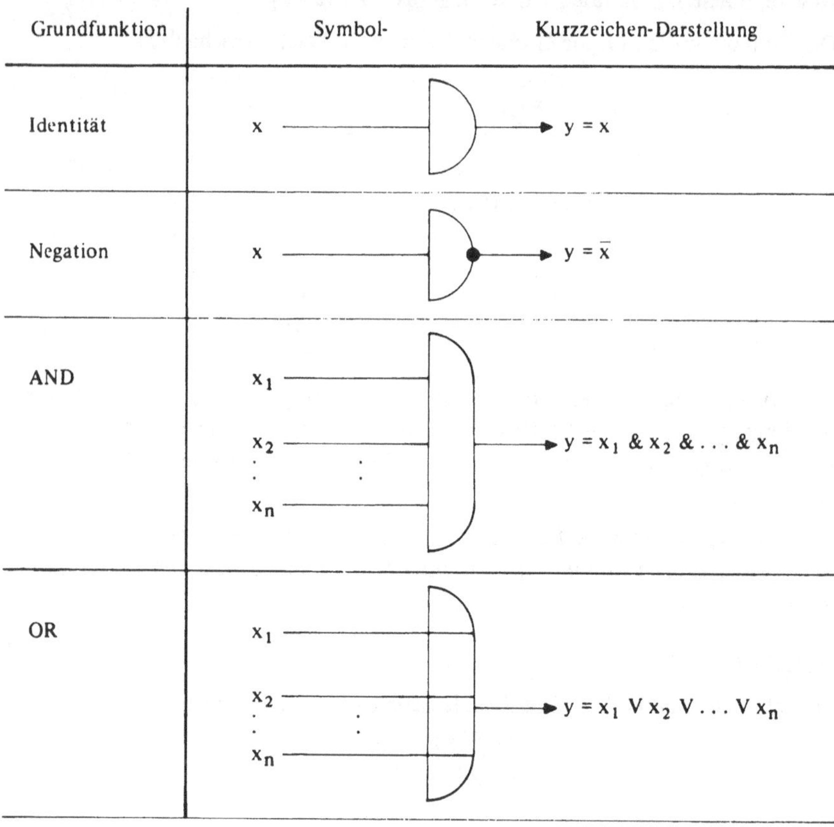

Wollen wir etwa bei einer Konjunktur y die Eingangsvariable x_1 nicht selbst, sondern deren Negation $\overline{x}_1$ verwenden, so können wir das auf zwei Arten mit den Symbolen ausdrücken.

ausgeschriebene Form:

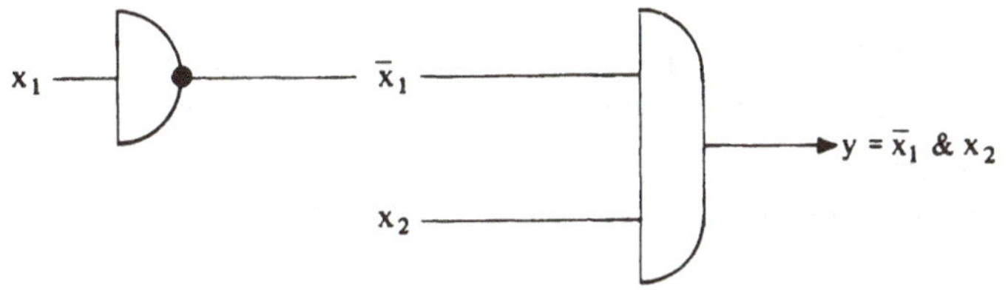

Der Negations-Punkt kann in die AND- und OR-Symbole eingegliedert werden und sich dabei auf eine Eingangsvariable oder die Ergebnisfunktion beziehen.

Die Konjunktion y der Variablen x_2 und der negierten Variablen $\overline{x}_1$ wurde beispielsweise ein AND-Symbol mit negierter Eingang ergeben:

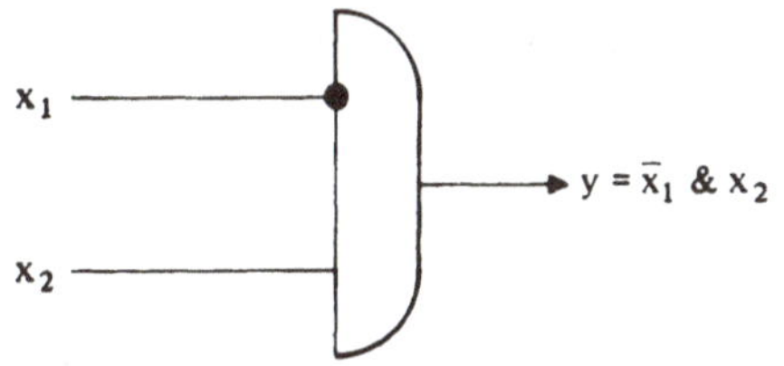

Für die Symboldarstellung einer Schaltfunktion sei noch ein weiteres Beispiel angegeben:

Die Disjunktion $y = \overline{x_1 \vee \overline{x}_2}$ benötigt ein OR-Symbol mit negiertem Eingang $(\overline{x}_2)$ und negiertem Ausgang (die Funktion ist negiert).

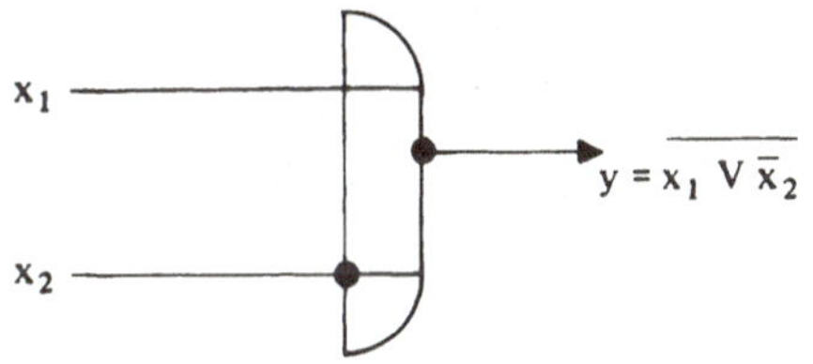

Antwort 8 c)

Antwort 9

a)

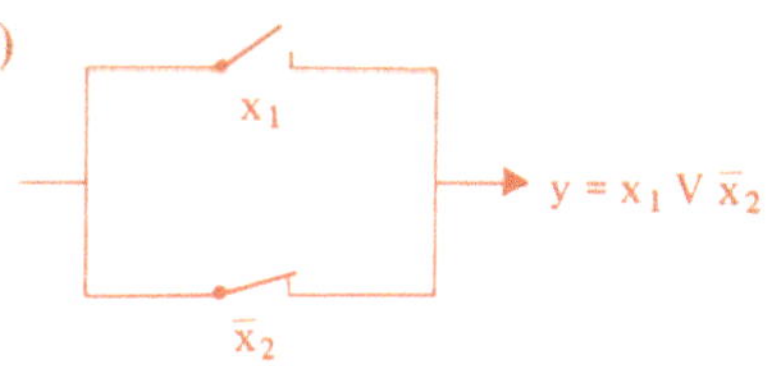

b)

Aufgabe 10

Wie ist die Symboldarstellung für folgende Aussage aufgebaut:
y ist nur dann L, wenn nicht gleichzeitig $x_1 = L$, $x_2 = O$ und $x_3 = L$ ist.

Geben Sie a) die Schaltfunktion,
und dann b) die Symboldarstellung an.

Aufgabe 11

Wie lautet die Schaltfunktion, deren Symboldarstellung im folgenden angegeben ist?

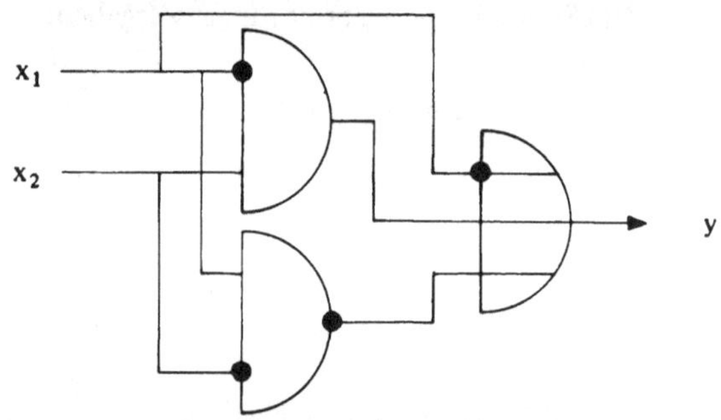

a) $y = (\overline{x}_1 \vee x_2) \mathbin{\&} \overline{x}_1 \mathbin{\&} (\overline{x_1 \vee \overline{x}_2})$

b) $y = (\overline{x}_1 \mathbin{\&} x_2) \vee \overline{x}_1 \vee (\overline{x_1 \mathbin{\&} \overline{x}_2})$

c) $y = (\overline{x_1 \vee \overline{x}_2}) \mathbin{\&} x_1 \mathbin{\&} (\overline{x}_1 \vee x_2)$

3.5. Gebietsdarstellung

Aus der mathematischen Mengenlehre wurde eine Darstellungsart für logische Funktionen gewonnen, die vor allem bei geringer Zahl von Eingangsvariablen (< 4) sehr anschauliche Ergebnisse liefert. Für die weiteren Erläuterungen wählen wir zwei Eingangsvariable x_1, x_2.

Man geht von einem Gebiet (Rechteck) aus, das alle zulässigen und möglichen Werte der Eingangsvariablen sowie deren Kombinationen beinhalten möge.

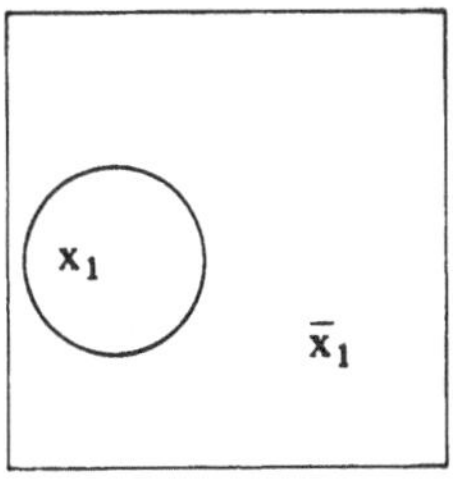

Diese Gesamtmenge zerfällt in eine Menge $x_1 = L$ und eine $x_1 = O$. Dazu zeichnet man ein Gebiet (Kreis), innerhalb dessen $x_1 = L$ und außerhalb dessen $x_1 = O$ $(\overline{x}_1 = L)$ gilt. Innerhalb des Kreises ist also $x_1 = L$, außerhalb ist $\overline{x}_1 = L$.

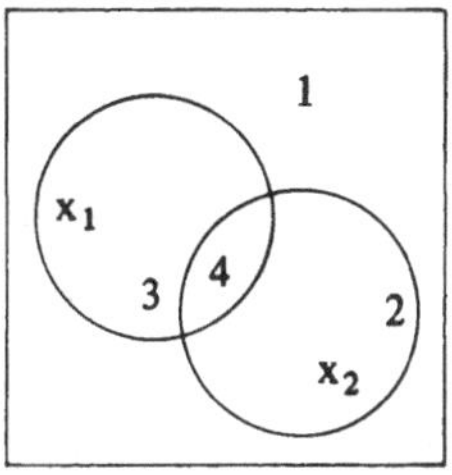

Nun tragen wir ein entsprechendes Gebiet (Kreis) für die zweite Eingangsvariable x_2 ein – und zwar so, daß sich die beiden Kreise überschneiden. Damit wird die Gesamtfläche in 4 Teilflächen untergliedert.

Die Fläche:	bedeutet:	als sog. Minterm geschrieben:
1	$x_1 = O$ und $x_2 = O$	$\overline{x}_1 \& \overline{x}_2$
2	$x_1 = O$ und $x_2 = L$	$\overline{x}_1 \& x_2$
3	$x_1 = L$ und $x_2 = O$	$x_1 \& \overline{x}_2$
4	$x_1 = L$ und $x_2 = L$	$x_1 \& x_2$

Diese 4 Teilflächen entsprechen den 4 Zeilen der Wertetafel für 2 Variable. Die &-Verknüpfung aller Variabler bezeichnet man als Minterm. Entsprechend dem Variablenwert L bzw. O in einer Zeile wird die Variable selbst bzw. ihre negierte Form in den Minterm aufgenommen. Jede Zeile der Wertetafel liefert demnach einen anderen Minterm. Jedem Minterm entspricht 1 Teilfläche der Gebietsdarstellung.

In den folgenden Gebietsdarstellungen logischer Funktionen kennzeichnen wir stets *die* Flächen (Teilmengen) durch Schraffur, für die die Ausgangsvariable $y = L$ wird. Die unschraffierten Flächen stellen also die Kombinationen der Wahrheitswerte der Eingangsvariablen dar, für die entsprechend die Aussage $y = O$ (bzw., was dasselbe bedeutet, $\overline{y} = L$) gilt.

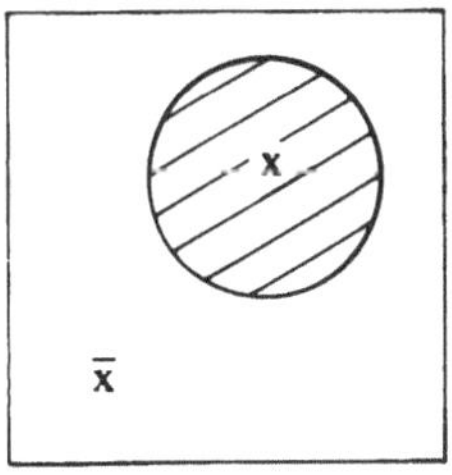

Auf Grund dieser Vereinbarungen wird also die *Identität* $y = x$ gerade durch die Kreisfläche selbst wiedergegeben.

Die *Negation* $y = \overline{x}$ folgt ebenso einfach als ergänzender Teil zum Kreis.

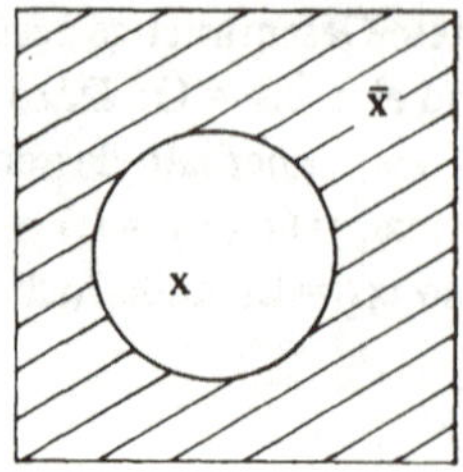

Die Definition der *Konjunktion* y der beiden Eingangsvariablen x_1, x_2 besagt, daß $y = L$ nur dann erfüllt ist, wenn gleichzeitig $x_1 = L$ und $x_2 = L$ sind. Schraffiert muß demnach gerade die Überlappung der beiden Kreise für $x_1 = L$ und $x_2 = L$ werden, also die Teilfläche 4.

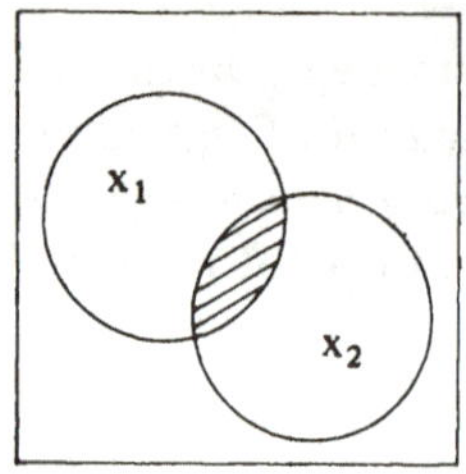

Die Definition der *Disjunktion* (OR) besagt, daß die Ausgangsvariable $y = L$ ist, wenn entweder nur $x_1 = L$ (Teilfläche 2) oder nur $x_2 = L$ (Teilfläche 3) oder $x_1 = L$ und gleichzeitig $x_2 = L$ (Teilfläche 4). Die Teilflächen 2, 3, 4 zusammen ergeben demnach $y = L$.

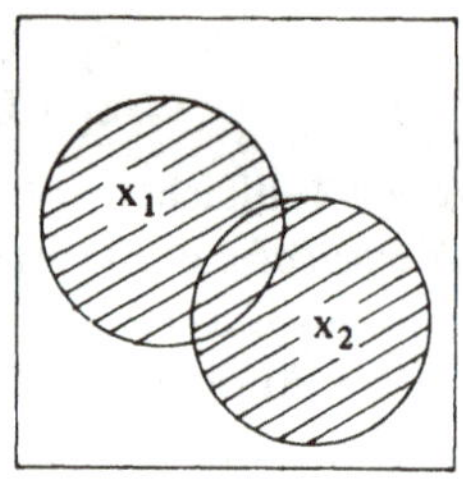

Antwort 10

a) $y = \overline{x_1 \,\&\, \overline{x}_2 \,\&\, x_3}$

b)

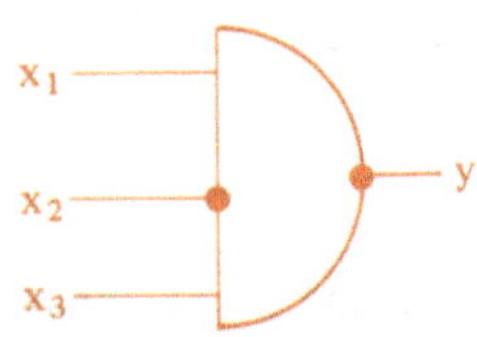

Antwort 11 b)

Als weiteres Beispiel für die Gebietsdarstellung wollen wir uns die Funktion $y = \overline{x_1 \vee \bar{x}_2}$, die wir in 3.4. in der Symbolschreibweise kennengelernt haben, hier ansehen. $x_1 \vee \bar{x}_2$ bedeutet die Teilflächen 1, 2, 3. Ihre Negation ergibt die Teilfläche 4 als $y = L$.

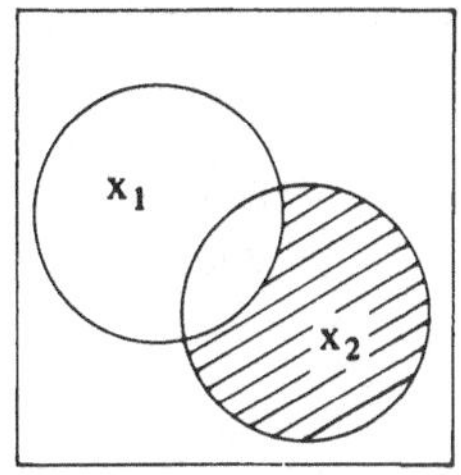

Beispiel : $y = \overline{x_1 \vee \bar{x}_2}$

Aufgabe 12

Wie lautet die Schaltfunktion, deren Gebietsdarstellung hier angegeben ist?

a) $y = \overline{x_1 \& x_2}$
b) $y = (x_1 \& x_2) \vee (\bar{x}_1 \& \bar{x}_2)$
c) $y = (x_1 \vee x_2) \& (\bar{x}_1 \vee \bar{x}_2)$

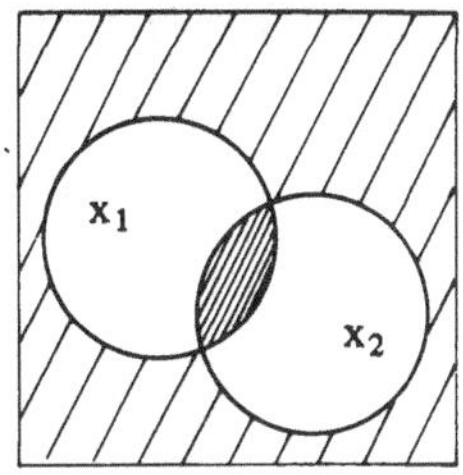

Für Schaltfunktionen mit 3 Eingangsvariablen ergeben sich – entsprechend den 8 Zeilen der Wertetafel – 8 Teilflächen in der Gebietsdarstellung.

Aufgabe 13

a) Erstellen Sie für die in Aufgabe 10 ermittelte Schaltfunktion die y-Spalte der Wertetafel.
b) Die Wertetafel hat 8 Werte-Kombinationen der Eingangsvariablen x_1, x_2, x_3 und damit 8 Zeilen (durchnumeriert). Numerieren Sie entsprechend die Teilflächen der Gebietsdarstellung.
c) Welche Teilflächen entsprechen demnach $y = L$, d. h. wären zu schraffieren?
d) Geben Sie die Minterme für die schraffierten Teilflächen an.

Wertetafel:

Nr.	x_1	x_2	x_3	y
1	O	O	O	
2	O	O	L	
3	O	L	O	
4	O	L	L	
5	L	O	O	
6	L	O	L	
7	L	L	O	
8	L	L	L	

Gebietsdarstellung

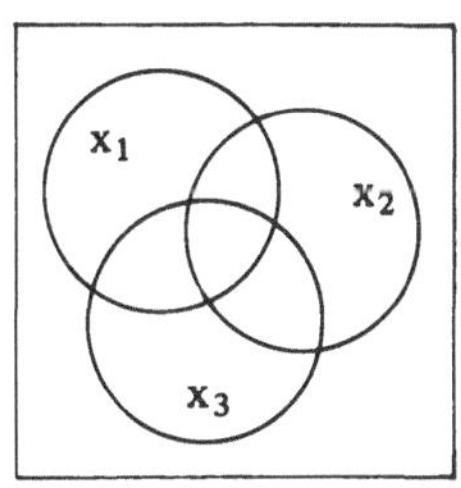

Aufgabe 14

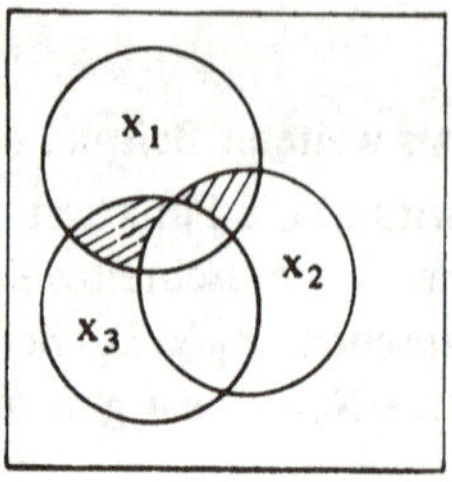

Wie lautet die Schaltfunktion, deren Gebietsdarstellung hier angegeben ist?

a) $y = (x_1 \& x_2) \vee (x_1 \& x_3)$
b) $y = (x_1 \& x_2 \& \overline{x}_3) \vee (x_1 \& \overline{x}_2 \& x_3)$
c) $y = (x_1 \vee x_2 \vee \overline{x}_3) \& (x_1 \vee \overline{x}_2 \vee x_3)$

Antwort 12 b)

Antwort 13

a) Schaltfunktion $y = \overline{x_1 \& \overline{x}_2 \& x_3}$
$y = O$ für Zeile 6
$y = L$ für die übrigen Zeilen

b)

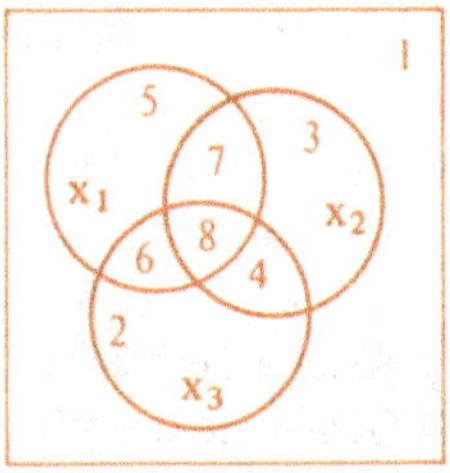

c) die Teilflächen 1, 2, 3, 4, 5, 7, 8 sind zu schraffieren. Sie bewirken $y = L$.

d)

Teilfläche	Minterm
1	$\overline{x}_1 \& \overline{x}_2 \& \overline{x}_3$
2	$\overline{x}_1 \& \overline{x}_2 \& x_3$
3	$\overline{x}_1 \& x_2 \& \overline{x}_3$
4	$\overline{x}_1 \& x_2 \& x_3$
5	$x_1 \& \overline{x}_2 \& \overline{x}_3$
7	$x_1 \& x_2 \& \overline{x}_3$
8	$x_1 \& x_2 \& x_3$

3.6. Das Karnaugh-Diagramm

Der Gebietsdarstellung verwandt ist das Karnaugh-Diagramm. Auch hier wird für jeden Minterm eine Teilfläche bereitgestellt. Im Gegensatz zur Gebietsdarstellung läßt sich das Karnaugh-Diagramm, ohne allzu sehr an Übersichtlichkeit zu verlieren, auch auf Schaltfunktionen mehrerer Eingangsvariabler anwenden.

Das Karnaugh-Diagramm für 2 Eingangsvariable arbeitet mit einer x_1- und einer $\overline{x}_1$-Spalte sowie mit einer x_2- und einer $\overline{x}_2$-Zeile. Im ‚Schnittpunkt' einer Spalte und einer Zeile entsteht eine Teilfläche, die einem Minterm entspricht. Die Numerierung entspricht den Zeilen der Wertetafel.

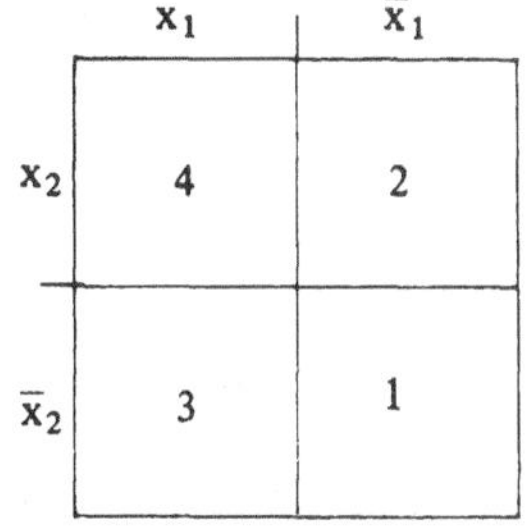

Die AND-Funktion ergibt nur in der 4. Zeile der Wertetafel, d. h. für $x_1 = L$ und $x_2 = L$, den Wert $y = L$. Die Teilfläche 4 des Karnaugh-Diagramms ist demnach zu schraffieren. Sie entspricht dem Minterm $x_1 \& x_2$.

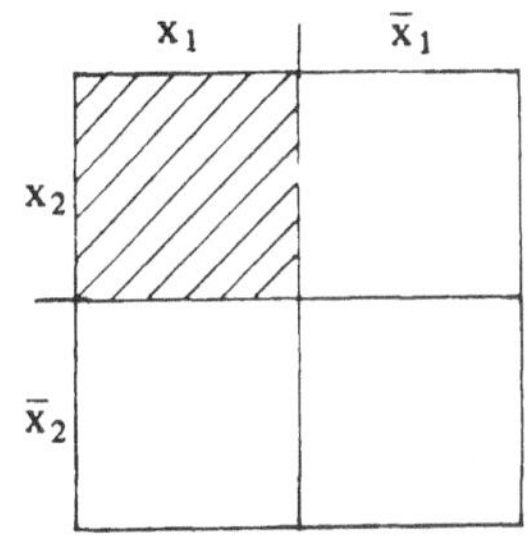

Die OR-Funktion zeigt nur für $x_1 = O$ und $x_2 = O$ den Wert $y = O$. Damit bleibt nur die Teilfläche 1 unschraffiert.

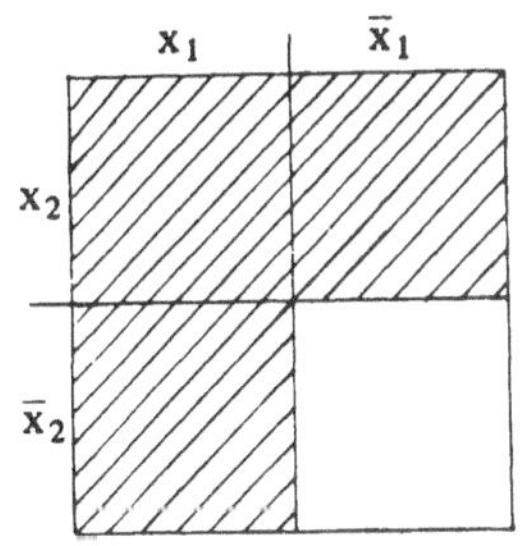

Aufgabe 15

Wieviele Teilflächen werden für 2, 3, 4, 5 oder allgemein n Eingangsvariable im Karnaugh-Diagramm benötigt? Begründung!

Als Beispiel für ein Karnaugh-Diagramm mit 3 Eingangsvariablen diene die Schaltfunktion $y = (x_1 \& x_2 \& \overline{x}_3) \vee (x_1 \& \overline{x}_2 \& x_3)$ aus Aufgabe 14. Jeder der beiden Minterme bedingt eine schraffierte Teilfläche.

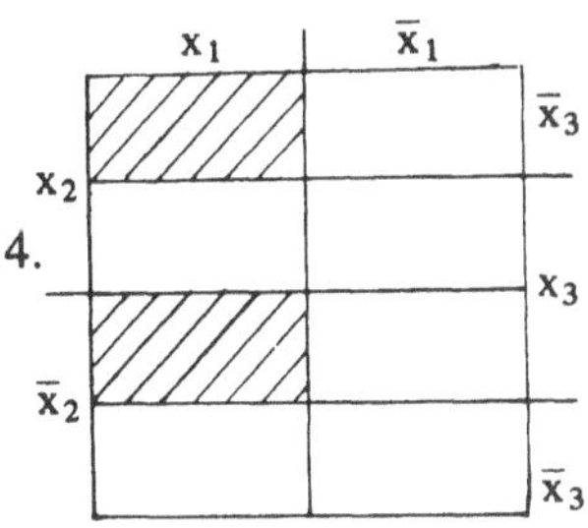

Aufgabe 16

Schraffieren Sie das Karnaugh-Diagramm für die Schaltfunktion $y = \overline{x_1 \,\&\, \overline{x}_2 \,\&\, x_3}$, deren Wertetafel und Gebietsdarstellung in Aufgabe 13 angegeben ist. (Hinweis: Numerieren Sie zuvor die Teilflächen entsprechend der numerierten Wertetafel.)

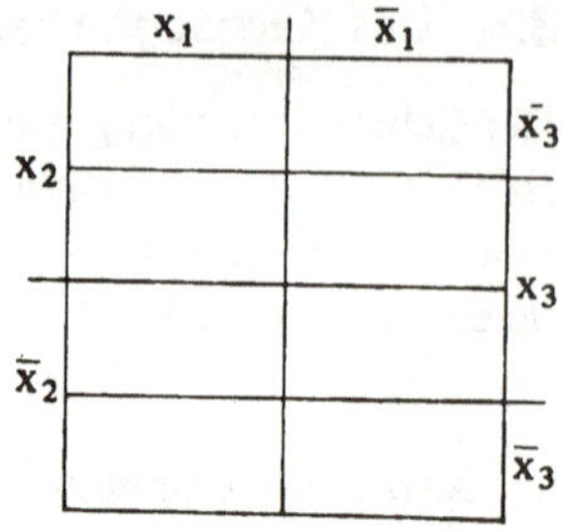

Die Aufteilung des Karnaugh-Diagramms für 4 Eingangsvariable x_1, x_2, x_3, x_4 ist nebenan skizziert. (Standard-Quadrat: SQ)

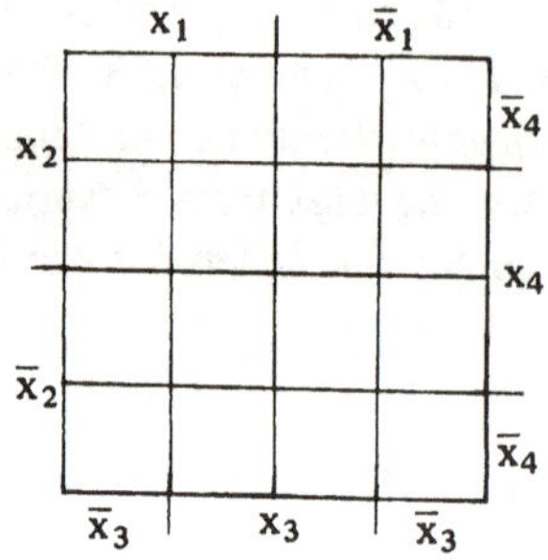

Durch Mehrfach-Verwendung des Standard-Quadrats (SQ) können Karnaugh-Diagramme für mehr als 4 Eingangsvariable erstellt werden.

Beispiel:

5 Eingangsvariable:

6 Eingangsvariable

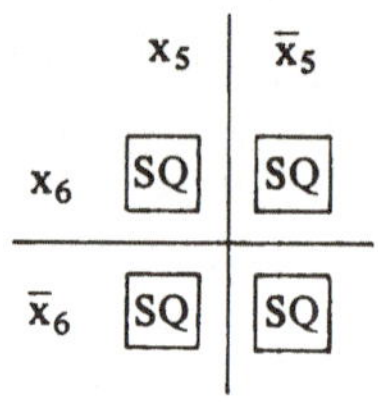

Antwort 14 b)

Antwort 15

Jede Eingangsvariable besitzt 2 Wertmöglichkeiten, die mit denen der anderen kombiniert werden.

2 Eingangsvariable ergeben $2^2 = 4$ Teilflächen
3 Eingangsvariable ergeben $2^3 = 8$ Teilflächen
4 Eingangsvariable ergeben $2^4 = 16$ Teilflächen
5 Eingangsvariable ergeben $2^5 = 32$ Teilflächen
n Eingangsvariable ergeben 2^n Teilflächen

4. Funktionen bei zwei Eingangsvariablen

4.1. Allgemeine Überlegungen

Nehmen wir an, wir hätten n Eingangsvariable $x_1, x_2, \ldots x_n$. Jede dieser n Eingangsvariablen kann einen der beiden Werte O, L annehmen.

für n = 1 Eingangsvariable erhalten wir demnach:

$2 = 2^1 = 2$ Wertekombinationen, d. h., 2^1 Zeilen in der Wertetafel (vgl. Identität, Negation)

für n = 2 Eingangsvariable erhalten wir:

$2 \cdot 2 = 2^2 = 4$ Wertekombinationen, d. h., 2^2 Zeilen in der Wertetafel (vgl. AND, OR)

allgemein:

für n Eingangsvariable erhalten wir:

$a = 2 \cdot 2 \cdot \cdots \cdot 2 = 2^n$ Wertekombinationen, d. h. $a = 2^n$ Zeilen in der Wertetafel

Für die Ausgangsvariable y wird in der Wertetafel eine eigene Spalte bereitgestellt. Zur eindeutigen Definition einer bestimmten logischen Funktion muß nun jeder Wertekombination der Eingangsvariablen, d. h., jeder Zeile der Wertetafel, für y eine L oder eine O zugeordnet werden.

Die Wertetafel besteht aus a Zeilen. Damit setzt sich die y-Spalte aus a binären Werten (O oder L) zusammen. Demnach lassen sich:

$$b = 2^a$$

mögliche, unterschiedliche y-Spalten angeben. Jede dieser y-Spalten gibt – zusammen mit den x-Spalten – die Wertetafel einer bestimmten Verknüpfungsregel für die Eingangsvariablen an.

	x_1	......	x_n	y	
1. Zeile	.	......	.	O oder L	a binäre Werte in der y-Spalte
2. Zeile	:	......	:	O oder L	
	:		:	. . .	
	:		:	: : :	
(a–1). Zeile	:	......	:	O oder L	
a. Zeile	:	......	:	O oder L	

Mit $b = 2^a$ und $a = 2^n$ läßt sich der gesamte Sachverhalt folgendermaßen angeben:

> Für n Eingangsvariable $x_1, x_2, \ldots x_n$ lassen sich insgesamt b Boole'sche Funktionen, deren Ausgangsvariable jeweils mit y bezeichnet wird, definieren:
>
> $$b = 2^a = 2^{2^n}$$
>
> Die zugehörige Wertetafel besteht aus $a = 2^n$ Zeilen.

Von diesem allgemeinen Fall wollen wir wieder zu dem Fall mit 2 Eingangsvariablen x_1, x_2, zurückkehren. Die soeben gewonnenen Erkenntnisse können wir hier verwerten. Bei $n = 2$ Eingangsvariablen erhalten wir: $a = 2^2 = 4$ Zeilen in der Wertetafel. Für die Spalte der Ausgangsvariablen y lassen sich dann $b = 2^a = 2^4 = 16$ Zuordnungsmuster angeben. Mit 2 Eingangsvariablen können wir demnach insgesamt $b = 16$ logische Funktionen definieren. Bisher haben wir davon nur zwei kennengelernt, nämlich die Konjunktion (AND) und die Disjunktion (OR). Wir wollen uns nun noch die restlichen 14 Muster für die y-Spalte ansehen und untersuchen, welche logischen Funktionen sie definieren.

x_1	x_2	y_1	y_2	y_3	y_4	y_5	y_6	y_7	y_8	y_9	y_{10}	y_{11}	y_{12}	y_{13}	y_{14}	y_{15}	y_{16}
O	O	O	O	O	O	O	O	O	O	L	L	L	L	L	L	L	L
O	L	O	O	O	O	L	L	L	L	O	O	O	O	L	L	L	L
L	O	O	O	L	L	O	O	L	L	O	O	L	L	O	O	L	L
L	L	O	L	O	L	O	L	O	L	O	L	O	L	O	L	O	L
			↑ AND						↑ OR	↑ Spiegelungsebene							

Die 16 möglichen Funktionen bei 2 Eingangsvariablen

Antwort 16

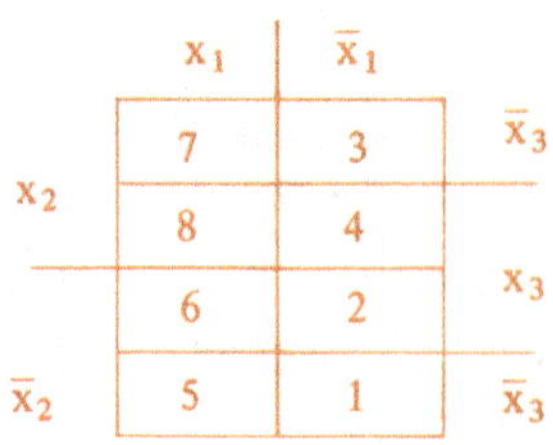

schraffierte Teilflächen:
1, 2, 3, 4, 5, 7, 8

Aufgabe 17

Wieviele Zeilen hat die Wertetafel einer Funktion von 5 Eingangsvariablen?

a) $2^5 = 32$

b) $2^{2^5} = 2^{32} \approx 5$ Milliarden

c) $5^2 = 25$

Im Bild geben die ersten beiden Spalten in gewohnter Weise die Wertekombinationen der Eingangsvariablen x_1, x_2, an. Nehmen wir nun jedesmal eine der 16 folgenden y-Spalten hinzu und lassen die anderen unberücksichtigt, so ergibt dies eine Wertetafel für eine bestimmte logische Funktion. Die y-Spalten haben wir der einfacheren Beschreibung wegen von 1 bis 16 durchnumeriert. Nehmen wir zu den beiden x-Spalten beispielsweise die Spalte y_2 hinzu, so haben wir die uns schon bekannte Wertetafel für die Konjunktion (AND) vor uns. Die Spalte y_8 definiert die ebenfalls schon besprochene Disjunktion (OR).

Wir wollen nun die einzelnen logischen Funktionen y_1 bis y_{16} auf ihre Brauchbarkeit hin untersuchen.

a) Komplement-Funktionen. Es fällt auf, daß:

y_{16} das Komplement von y_1 ist,
y_{15} das Komplement von y_2 ist,
$\vdots$
y_9 das Komplement von y_8 ist.

Die logischen Funktionen y_{16} bis y_9 entstehen also einfach durch Negation der Funktionen y_1 bis y_8. Damit genügt es, die ersten 8 Funktionen genauer zu betrachten – die übrigen 8 besitzen die entsprechenden,negierten Eigenschaften.

b) Null-Funktion
Für die praktische Anwendung ist natürlich die Funktion y_1 uninteressant. Diese Funktion ergibt nämlich stets den Ausgangswert $y_1 = 0$, völlig unabhängig von den Werten der beiden Eingangsvariablen x_1 und x_2. Die logische Funktion y_1 liefert also überhaupt keine Information über den Wertezustand der Eingangsvariablen x_1, x_2 und ist deshalb für logische Aussagen uninteressant.

c) Identität
Weiterhin entnimmt man obigem Bild, daß stets gilt: $y_4 = x_1$. Die logische Funktion y_4 ist also völlig unabhängig von der Variablen x_2, sie ist identisch mit der Variablen x_1. Damit entfällt auch die Funktion y_4 für den praktischen Gebrauch. Es wäre sinnlos, eine neue Boole'sche Größe y_4 einzuführen, wenn sie mit einer ohnehin schon vorhandenen x_1 identisch ist. Dasselbe gilt auch für die logische Funktion y_6. Es ist nämlich stets $y_6 = x_2$, d. h., y_6 ist völlig unabhängig von x_1 und identisch mit x_2.

d) Spiegelung

Von den 8 Funktionen y_1 bis y_8 entfallen also schon 3 als unbrauchbar. Unter Berücksichtigung der 8 ‚gespiegelten' Funktionen y_9 bis y_{16} stehen uns also für die technische Verwertung noch $2 \cdot 5 = 10$ logische Funktionen bei 2 Eingangsvariablen zur Verfügung. Die zwei wichtigsten darunter, nämlich die Grundfunktionen Konjunktion und Disjunktion, haben wir schon eingehend behandelt. Die weiteren werden wir im folgenden untersuchen.

4.2. NAND-Funktion

Für die technische Realisierung mit Transistoren ist die NAND-Funktion von größter Bedeutung.

Die NAND-Funktion entsteht einfach durch Negation der AND-Funktion.

Aus dieser Definition erklärt sich auch der Name der Schaltfunktion: Negation von AND ergibt NAND. Durch Spiegelung im Bild auf S. 34 folgt aus der AND-Funktion y_2 die Wertetafel der NAND-Funktion y_{15}.

Die Schaltfunktion kann unmittelbar aus der Wertetafel heraus aufgestellt werden oder durch Negation der AND-Schaltfunktion gewonnen werden.

AND-Funktion: $y_2 = x_1 \,\&\, x_2$

NAND-Funktion: $y_{15} = \overline{y}_2 = \overline{x_1 \,\&\, x_2}$

Die Symboldarstellung folgt damit zu:

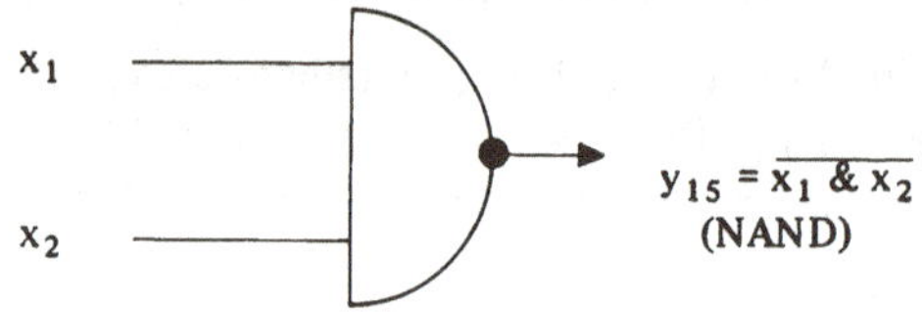

Aufgabe 18

Schraffieren Sie in nebenstehende Gebietsdarstellung die Teilflächen für $y_{15} = L$ der NAND-Funktion.

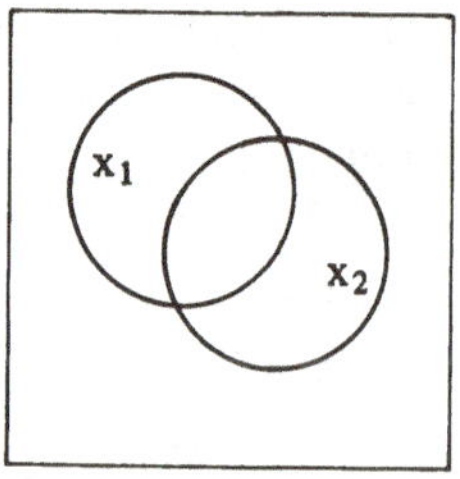

Antwort 17 a) $2^5 = 32$ Zeilen

Mit Hilfe des später (S. 51) hergeleiteten Morgan'schen Theorems können wir: $y_{15} = \overline{x_1 \& x_2}$ auch umschreiben in: $y_{15} = \bar{x}_1 \vee \bar{x}_2$.

Die Kontaktskizze der NAND-Funktion besteht demnach aus 2 parallelgeschalteten Ruhekontakten.

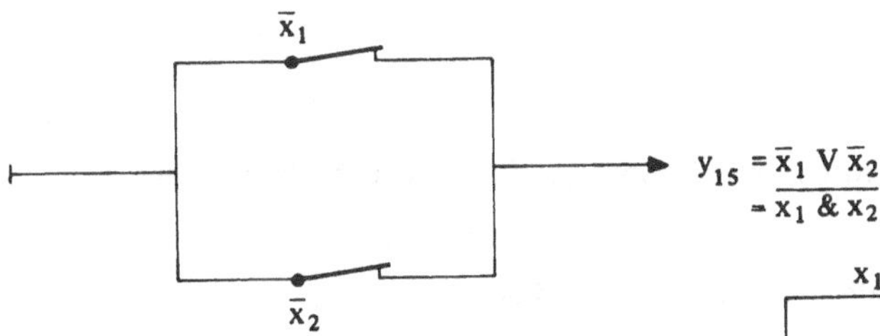

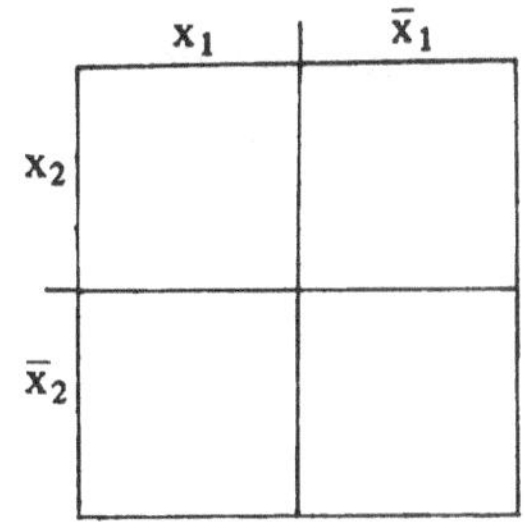

Aufgabe 19

Zeichnen Sie, ausgehend von der Wertetafel S. 34 das Karnaugh-Diagramm der NAND-Funktion $y = \overline{x_1 \& x_2}$.

4.3. NOR-Funktion

Die NOR-Funktion entsteht durch Negation der OR-Funktion.

Zusammen mit den beiden x-Spalten ergibt die Spalte y_9 die dazugehörige Wertetafel. Die NOR-Schaltfunktion erzeugen wir uns auch hier durch Negation aus der OR-Schaltfunktion:

$$y_9 = \bar{y}_8 = \overline{x_1 \vee x_2}$$

Die Symboldarstellung für NOR besteht also aus einem negierten OR-Symbol.

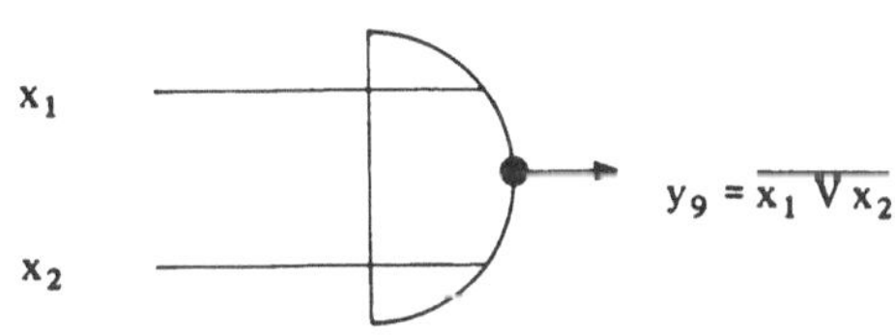

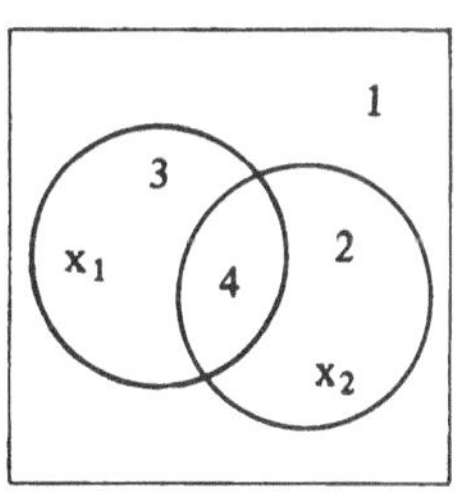

Aufgabe 20

Schraffieren Sie die Teilflächen für NOR, wobei Sie von der früheren OR-Gebietsdarstellung ausgehen können (S. 28).

Das Karnaugh-Diagramm für NOR entsteht durch Komplementieren des Karnaugh-Diagramms für OR (S. 31).

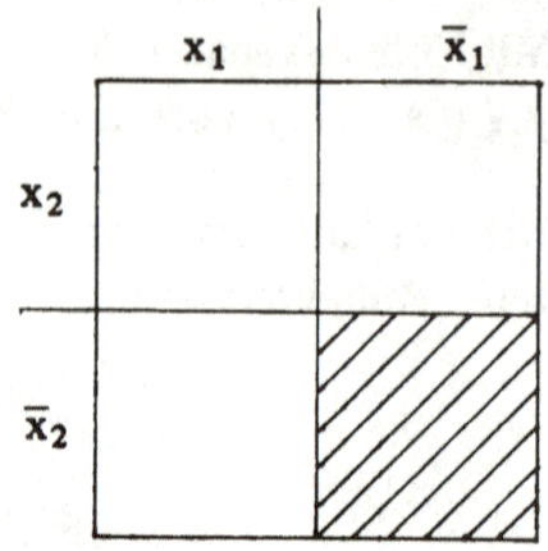

Das erwähnte Morgan'sche Theorem liefert uns auch hier eine andere Form:

$$y_9 = \overline{x_1 \vee x_2} = \bar{x}_1 \,\&\, \bar{x}_2,$$

die sich als Kontaktskizze realisieren läßt.

$y_9 = \bar{x}_1 \,\&\, \bar{x}_2 \quad (= \overline{x_1 \vee x_2})$

Antwort 18

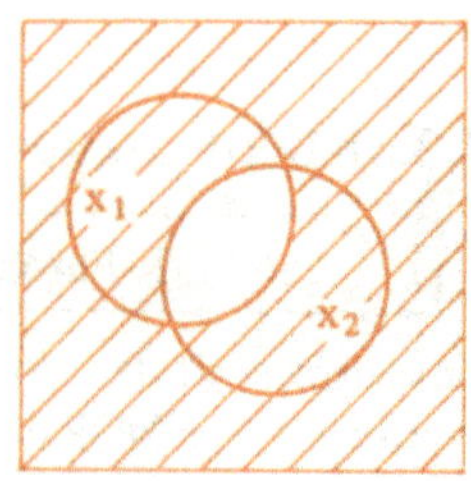

Antwort 19

Wertetafel für NAND

x_1	x_2	$y = \overline{x_1 \,\&\, x_2}$
O	O	L
O	L	L
L	O	L
L	L	O

Karnaugh-Diagramm

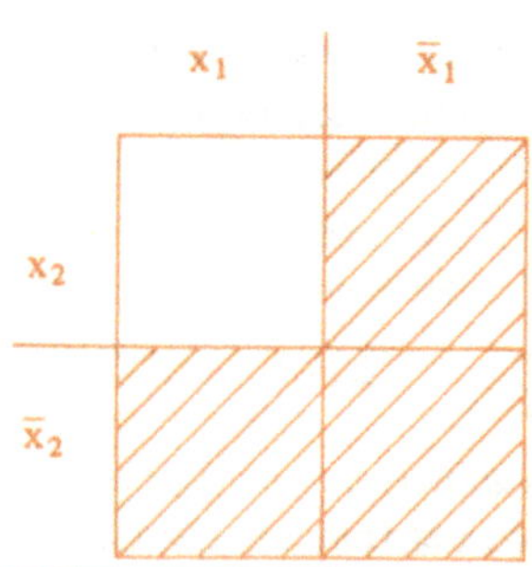

Antwort 20 schraffierte Teilfläche: 1

4.4. Äquivalenz

Die logische Funktion y_{10} bezeichnet man als Äquivalenz. Ihre Definition entnehmen wir direkt der Wertetafel (S. 34):

> Bei der Äquivalenz ist die Ausgangsvariable y_{10} dann und *nur* dann L, wenn beide Eingangsvariable x_1, x_2 *gleich* (entweder O oder L) sind.

Daraus läßt sich auch sogleich die Schaltfunktion anschreiben:

$$y_{10} = (x_1 \,\&\, x_2) \vee (\bar{x}_1 \,\&\, \bar{x}_2)$$

Die Wertetafel der Äquivalenz zeigt in der Zeile 1 und 4 den Wert $y = L$. Demnach sind die Flächen 1 und 4 der Gebietsdarstellung zu schraffieren.

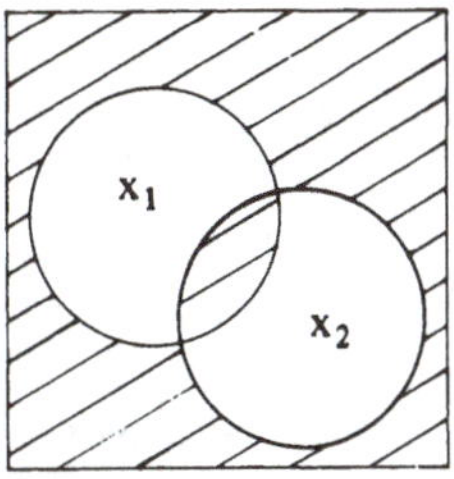

Gleiches gilt für das Karnaugh-Diagramm der Äquivalenz:

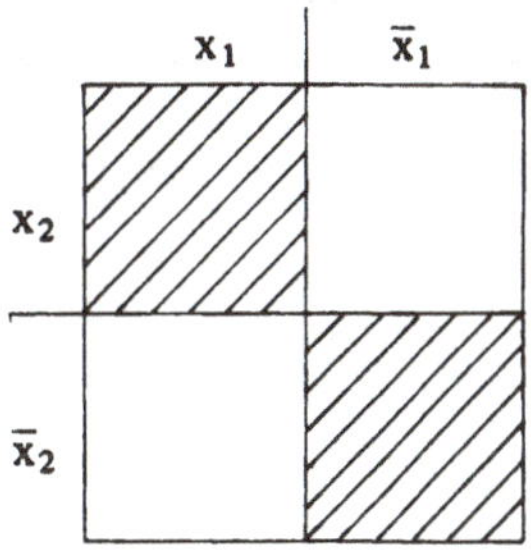

Aufgabe 21

Die Symboldarstellung der Äquivalenz ist im folgenden unvollständig angegeben. Vervollständigen Sie die Zeichnung!

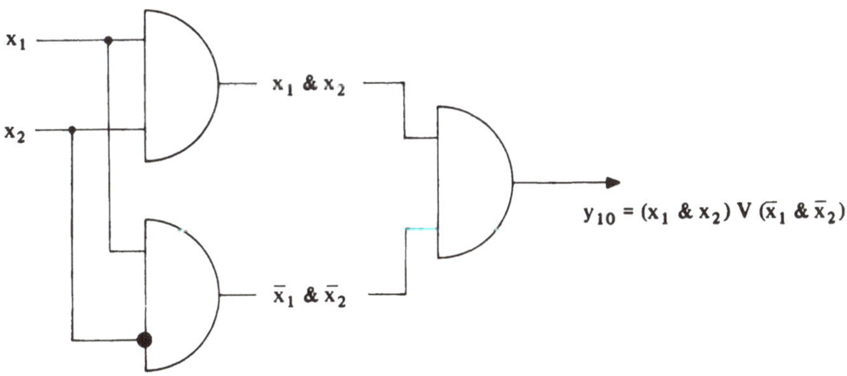

Die Kontaktskizze für die Äquivalenz setzt sich aus zwei Umschaltekontakte derselben Stellung zusammen:

$$y_{10} = (x_1 \,\&\, x_2) \vee (\bar{x}_1 \,\&\, \bar{x}_2)$$

4.5. Antivalenz

Die logische Funktion ‚Antivalenz' entsteht durch Negation der Äquivalenz. Der Wertetafel entnehmen wir die Definition:

> Bei der Antivalenz ist die Ausgangsvariable y_7 dann und *nur* dann L, wenn die beiden Eingangsvariablen x_1, x_2 *ungleiche* Werte annehmen.

Daraus folgt die Schaltfunktion der Antivalenz:

$$y_7 = (x_1 \,\&\, \bar{x}_2) \vee (\bar{x}_1 \,\&\, x_2)$$

Die Antivalenz wird auch ‚exclusives Oder' genannt, da sie – im Gegensatz zur OR-Funktion – das umgangssprachliche ‚entweder – oder' wiedergibt.

Antwort 21

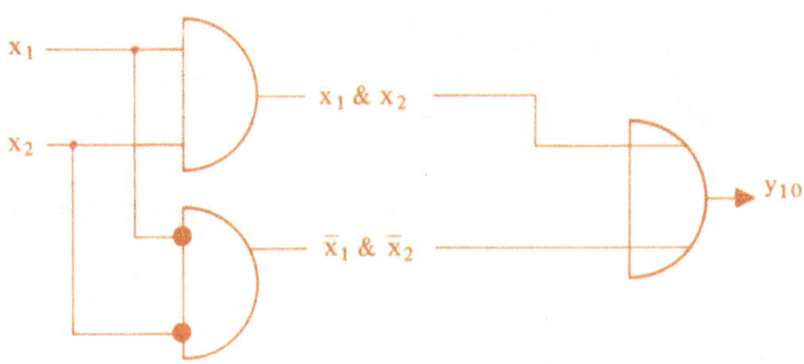

Aufgabe 22

Schraffieren Sie die Gebietsdarstellung und das Karnaugh-Diagramm der Antivalenz, wobei Sie beachten, daß die Antivalenz durch Negation aus der Äquivalenz hervorgeht.

Die Symboldarstellung entnimmt man auch hier direkt der Schaltfunktion.

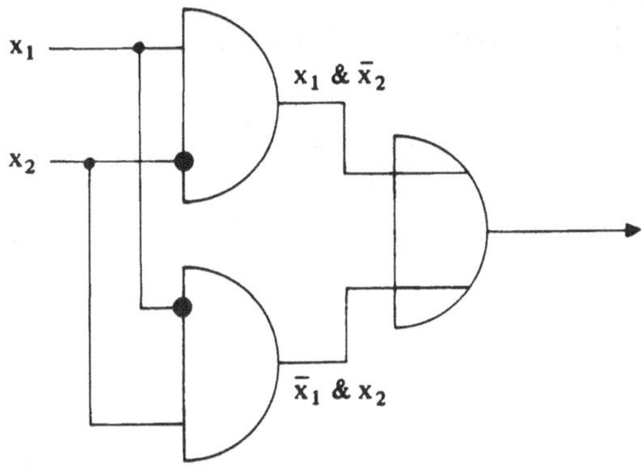

$y_7 = (x_1 \& \bar{x}_2) \vee (\bar{x}_1 \& x_2)$

Aufgabe 23

Die Kontaktskizze der Antivalenz besteht aus zwei Umschaltekontakten. Zeichnen Sie diese ein.

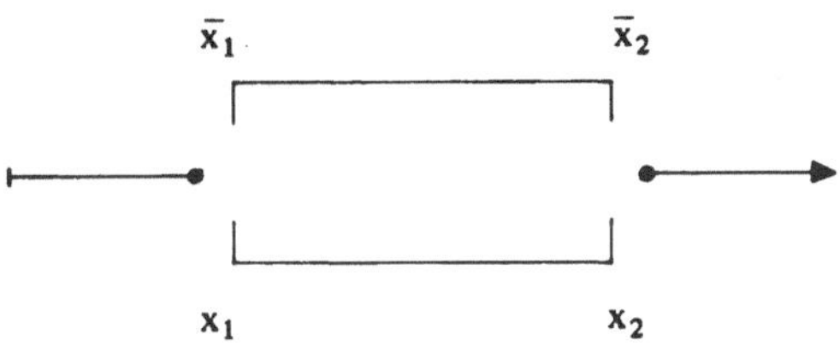

$y_7 = (x_1 \& \bar{x}_2) \vee (\bar{x}_1 \& x_2)$
(Antivalenz)

4.6. Inhibition

Die Ausgangsvariable y_3 (bzw. y_5) der Inhibit-Funktion bezogen auf die Variable x_1 (bzw. x_2) ist dann L, wenn die Eingangsvariable x_1 (bzw. x_2) den Wert L und die andere den Wert O annimmt.

$$y_3 = x_1 \& \bar{x}_2$$
$$(\text{bzw. } y_5 = \bar{x}_1 \& x_2)$$

Die logische Funktion y_5 (S. 34) stellt ebenfalls die Inhibit-Funktion dar, wobei nur die beiden Eingangsvariablen x_1, x_2 miteinander vertauscht sind. Die negierte Eingangsvariable ist hier x_1.

Die Symboldarstellung der Inhibition zeigt ein AND-Symbol mit einem negierten Eingang.

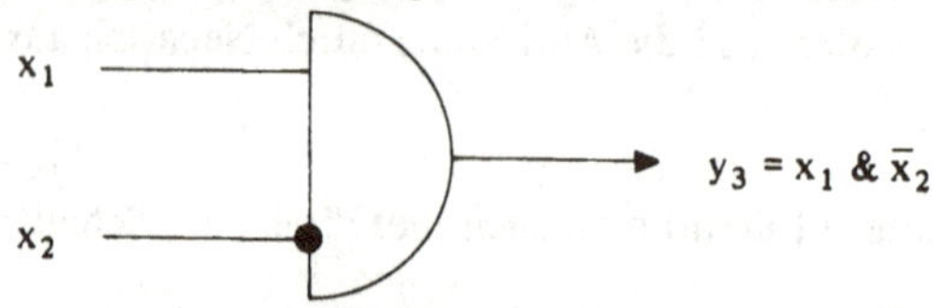

Die Inhibition $y_3 = x_1 \& \overline{x}_2$ zeigt in der Wertetafel (S. 34) nur in der Zeile 3 den Wert L, d. h. für $x_1 = L$, $x_2 = O$. Daraus folgt:

die Gebietsdarstellung:

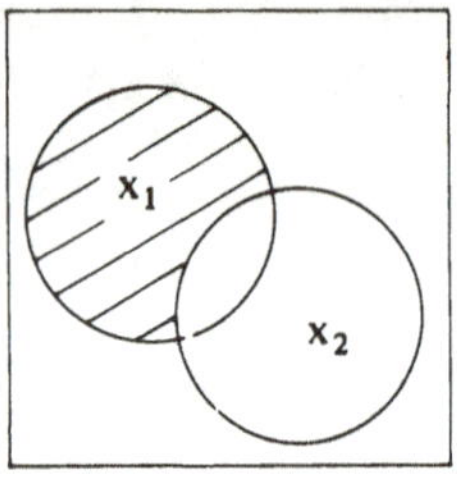

Inhibition: $y_3 = x_1 \& \overline{x}_2$

das Karnaugh-Diagramm

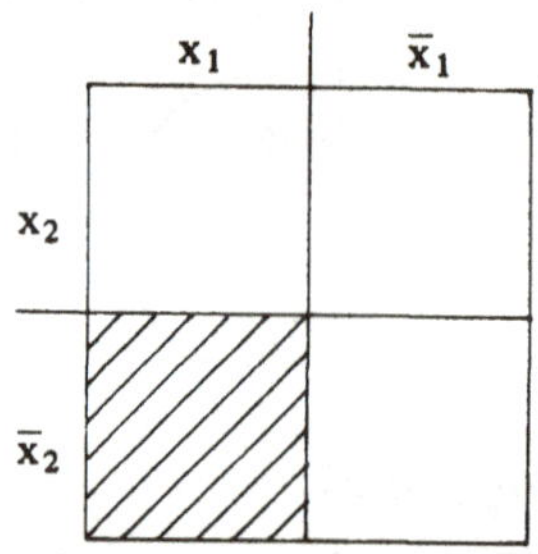

Antwort 22

Antivalenz

Gebietsdarstellung

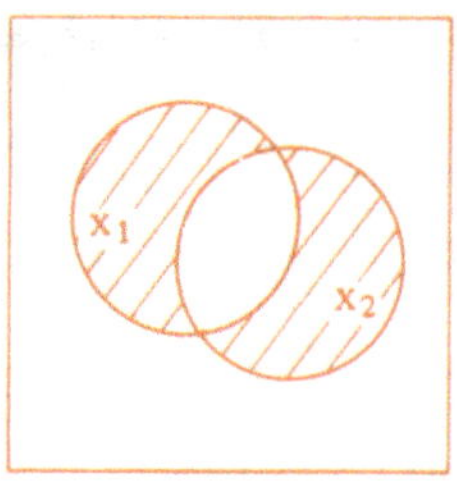

Karnaugh-Diagramm

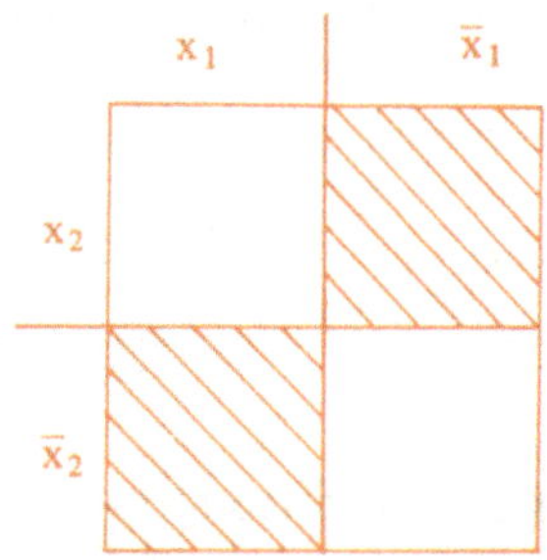

Antwort 23

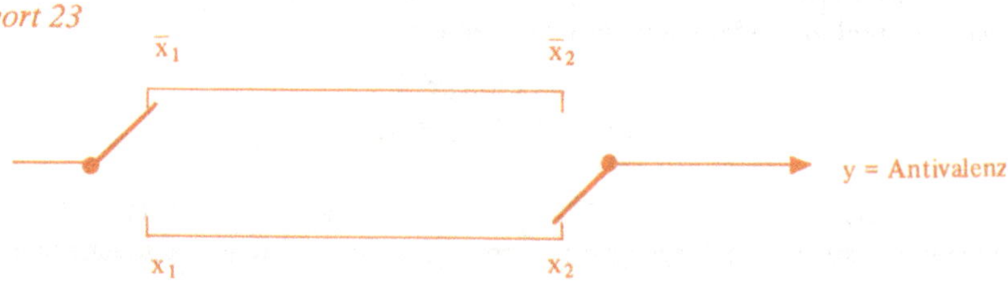

Da die Inhibit-Funktion auf der AND-Funktion aufbaut, entsteht ihre Kontaktskizze durch Reihenschaltung eines Arbeits- und eines Ruhekontaktes:

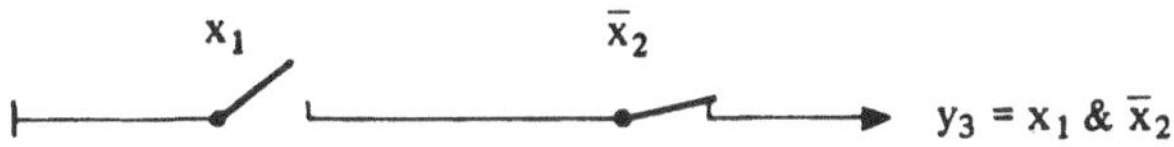

Aufgabe 24

Wieso ist die folgende Definition unpräzise und mißverständlich, und welche Funktion wird damit eigentlich beschrieben: „Die Ausgangsvariable der Inhibit-Funktion wird dann L, wenn eine der beiden Eingangsvariablen x_1 und x_2 den Wert L und die andere den Wert O annimmt."

4.7. Implikation

Durch Negation der Inhibit-Funktion y_3 erhalten wir die sog. Implikation y_{14}. Die Schaltfunktion hierfür ergibt sich also zu:

$$y_{14} = \overline{y}_3 = \overline{x_1 \,\&\, \overline{x}_2}$$

Die Symboldarstellung zeigt eine NAND-Schaltung mit negiertem x_2-Eingang:

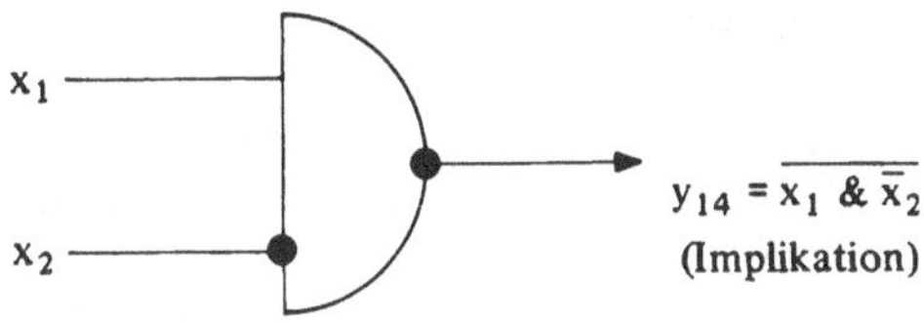

Aufgabe 25

Schraffieren Sie auch das Karnaugh-Diagramm entsprechend der angegebenen Gebietsdarstellung der:

Implikation: $y_{14} = \overline{x_1 \,\&\, \overline{x}_2}$

Gebietsdarstellung

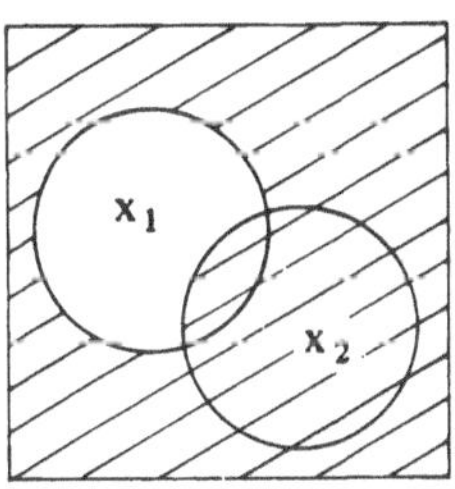

Implikation: $y = \overline{x_1 \,\&\, \overline{x}_2}$

Karnaugh-Diagramm

	x_1	$\overline{x}_1$
x_2	4	2
$\overline{x}_2$	3	1

Über das Morgan'sche Theorem folgt eine andere Form:

$$y_{14} = \overline{x_1 \,\&\, \overline{x}_2} \quad \overline{x}_1 \vee x_2$$

Mit diesem Ausdruck für die Implikation können wir auch die Kontaktskizze der Implikation angeben:

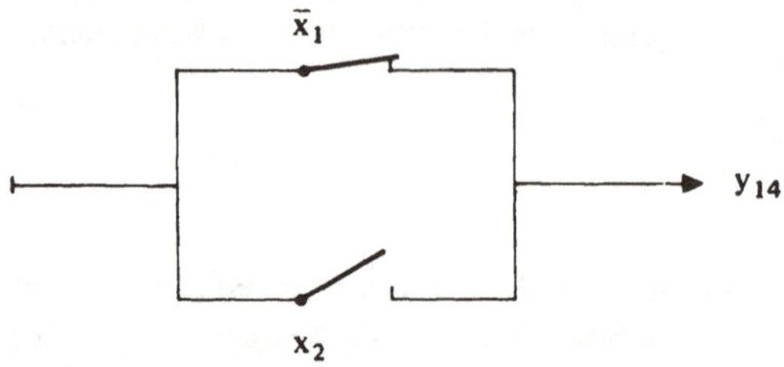

Die logische Funktion y_{12} stellt ebenso wie y_{14} die Implikation dar. Nur die Eingangsvariablen x_1 und x_2 sind miteinander vertauscht.

4.8. Zusammenfassung

Läßt man den Variablentausch der beiden Inhibit-Funktionen bzw. Implikationen unberücksichtigt, so erweisen sich $2 \cdot 4 = 8$ Funktionen als sinnvoll und aussagefähig. Ihre Darstellungsarten durch Wertetafel, Kurzzeichen, Symbole, Gebiets- und Karnaugh-Diagramm wurden angeführt. Zum besseren Vergleich seien einzelne Ergebnisse schematisch zusammengefaßt:

Eingangs-variable	x_1	O	O	L	L	logische Funktionen		Abk.
	x_2	O	L	O	L	Schaltfunktion	Bezeichnung	
Normal-formen	y_2	O	O	O	L	$y_2 = x_1 \,\&\, x_2$	Konjunktion	AND
	y_3	O	O	L	O	$y_3 = x_1 \,\&\, \overline{x}_2$	Inhibition	
	y_7	O	L	L	O	$y_7 = (\overline{x}_1 \,\&\, x_2) \vee (x_1 \,\&\, \overline{x}_2)$	Antivalenz	
	y_8	O	L	L	L	$y_8 = x_1 \vee x_2$	Disjunktion	OR
negierte Formen	y_9	L	O	O	O	$y_9 = \overline{x_1 \vee x_2}$	neg. Disjunktion	NOR
	y_{10}	L	O	O	L	$y_{10} = (\overline{x}_1 \,\&\, \overline{x}_2) \vee (x_1 \,\&\, x_2)$	Äquivalenz	
	y_{14}	L	L	O	L	$y_{14} = \overline{x_1 \,\&\, \overline{x}_2}$	Implikation	
	y_{15}	L	L	L	O	$y_{15} = \overline{x_1 \,\&\, x_2}$	neg. Konjunktion	NAND

Die $2 \cdot 4 = 8$ technisch brauchbaren logischen Funktionen von 2 Eingangsvariablen.

Antwort 24

Beschrieben wird damit die Antivalenz $y = (x_1 \,\&\, \overline{x}_2) \vee (\overline{x}_1 \,\&\, x_2)$. Die Inhibit-Funktion muß stets auf eine Variable bezogen werden, z. B. auf x_1:
$y = L$, wenn die Variable $x_1 = L$ und die Variable $x_2 = O$ wird.

Aufgabe 26
Welche Boole'sche Funktion zweier Eingangsvariabler ist dann und nur dann O, wenn beide Eingangsvariablen gleich sind?
a) Antivalenz
b) Äquivalenz
c) Implikation

Aufgabe 27
Welche Boole'sche Funktion zweier Eingangsvariabler geht aus der Negation der Implikation hervor?
a) Antivalenz
b) Inhibition
c) Äquivalenz

5. Rechenregeln

5.1. Postulate

Um die verschiedenen Rechenregeln der Schaltalgebra herzuleiten, gehen wir von einigen wenigen Grundbeziehungen, den sog. Postulaten, aus. Diese Postulate sind Definitionen und lassen sich als Axiome innerhalb der Schaltalgebra selbst nicht mehr beweisen. Jedoch lassen sich alle anderen Rechenregeln mit Hilfe dieser Postulate beweisen. Wir werden den entsprechenden Beweis natürlich nicht bei jeder hier angegebenen Regel vornehmen. Wir begnügen uns i. a. mit einer Veranschaulichung durch Kontaktskizzen oder bzw. und Gebietsdarstellungen.

Die **Postulate** lauten:		
	$\overline{L} = O$	(1a)
	$\overline{O} = L$	(1b)
	$O \vee O = O$	(2a)
	$L \,\&\, L = L$	(2b)
	$L \vee L = L$	(3a)
	$O \,\&\, O = O$	(3b)
	$O \vee L = L \vee O = L$	(4a)
	$O \,\&\, L = L \,\&\, O = O$	(4b)

Antwort 25 schraffierte Teilflächen: 1, 2, 4

Das Postulat (1) bedeutet einfach die Negation. Da wir nämlich nur über die zwei Werte O und L verfügen, muß zwangsläufig der eine Wert durch Negation in den anderen übergehen.

Das Postulat (4a) kann entsprechend der Kontaktdarstellung als die Parallelschaltung eines (stets) offenen und eines (stets) geschlossenen Kontaktes aufgefaßt werden. Der Strompfad ist also über den oberen Zweig (geschlossener Kontakt) stets durchgeschaltet. Dies bedeutet: der Ausgang y ist stets L.

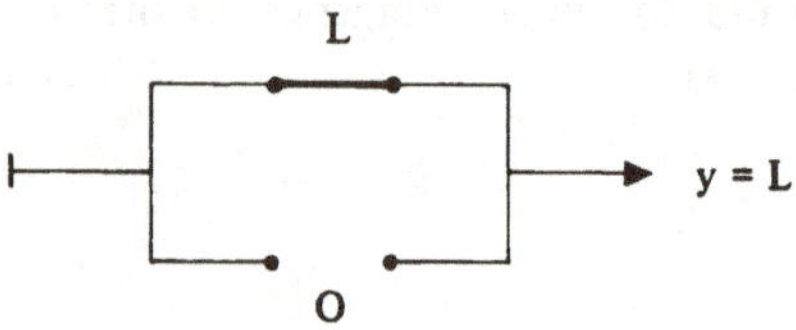

Postulat (4a)

Das Postulat (4b) kann dagegen als Reihenschaltung eines (stets) offenen und eines (stets) geschlossenen Kontaktes interpretiert werden. Der Strompfad bleibt hier natürlich stets unterbrochen. Dies bedeutet, daß die Ausgangsvariable stets y = O ist.

Postulat (4b)

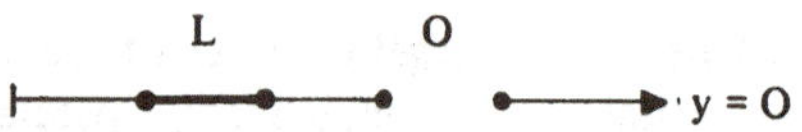

Aufgabe 28

Durch welche Kontaktskizzen lassen sich die Postulate 2a, b und 3a, b plausibel erklären?

5.2. Theoreme

Von großer Bedeutung für die praktische Anwendung der Schaltalgebra auf dem Gebiet digitaler Schaltnetzwerke ist die Möglichkeit der Vereinfachung der Schaltfunktionen. Eindeutige Kriterien für diese Vereinfachung (**Minimierung** genannt) kann man allerdings in allgemeiner Form nicht angeben – sie hängen zu sehr von der jeweils gewählten Schaltkreistechnik ab. Häufig versucht man die

---

Antwort 26 a) Antivalenz

Antwort 27 b) Inhibition

Schaltfunktion so umzuformen, daß am Ende möglichst wenig Eingangsvariable auf die Ausgangsvariable einen Einfluß ausüben oder/und daß die Zahl der benötigten Grundschaltungen (AND, OR) möglichst klein wird.

Für diese Vereinfachung von Schaltfunktionen erweisen sich einige Beziehungen und Rechenregeln als sehr nützlich. Sie sollen zunächst angeführt werden. Es ist wichtig, sich eine gewisse Routine bei der Anwendung dieser Theoreme zu erwerben.

Eine einfache und plausible Deutung der Theoreme findet sich, wenn die Disjunktion (V) durch eine Parallelschaltung und die Konjunktion (&) durch eine Reihenschaltung der entsprechenden Kontakte in der Kontaktskizze realisiert werden.

Theoreme:

$x \vee O = x$	(1a)	$x \,\&\, O = O$	(2a)
$x \vee L = L$	(1b)	$x \,\&\, L = x$	(2b)
$x \vee x = x$	(3a)	$x \vee \overline{x} = L$	(4a)
$x \,\&\, x = x$	(3b)	$x \,\&\, \overline{x} = O$	(4b)
$\overline{\overline{x}} = x$	(5)		

Als Methode zum Beweis dieser Theoreme aus den Postulaten heraus bietet sich das sog. **Induktions-Verfahren** an. Dabei geht man folgendermaßen vor: Die Variable x kann als Boole'sche Größe einen der beiden Werte O, L annehmen. Andere Werte für x sind nicht zugelassen. Wollen wir nun eines der angegebenen Theoreme beweisen, so brauchen wir deshalb nur zu zeigen, daß das Theorem sowohl für $x = O$ als auch für $x = L$ erfüllt ist.

Beispiel:

Das Theorem (4a) behauptet: $x \vee \overline{x} = L$

Beweis für $x = O$:

linke Seite: $O \vee \overline{O}$

mit Postulat (1b): $= O \vee L$

mit Postulat (4a): $= L$ = rechte Seite $= L$

Beweis für $x = L$:

linke Seite: $L \vee \overline{L}$

mit Postulat (1a): $= L \vee O$

mit Postulat (4a): $= L$ = rechte Seite $= L$

d. h.: das Theorem (4a) ist sowohl für $x = O$ als auch für $x = L$ erfüllt – also ist es allgemein erfüllt.

Auf diese Weise lassen sich auch die übrigen Theoreme beweisen.

Aufgabe 29

Beweisen Sie mit Hilfe des Induktionsverfahrens das Theorem (5).

Zur Veranschaulichung der Ausagen eines Theorems sind die Kontaktskizzen sehr nützlich:

Beispiel:

Theorem (2a) lautet: $x \,\&\, O = O$

Als Kontaktskizze wird diese Aussage leicht verständlich:

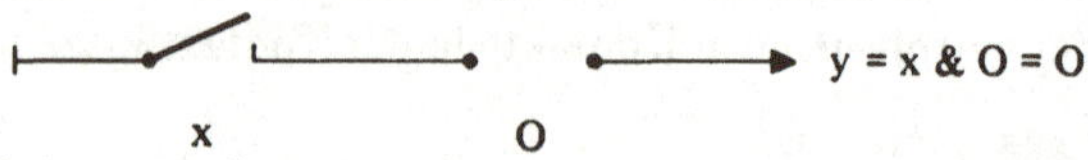

Die Konjunktion zwischen einer Boole'schen Größe x und dem Wert O ist stets O, da der Strompfad – unabhängig von x – stets unterbrochen bleibt.

Aufgabe 30

Veranschaulichen Sie das Theorem (1b) durch eine Kontaktskizze.

5.3. Kommutatives und Assoziatives Gesetz

Aus der gewöhnlichen Algebra ist das *Kommucative Gesetz* bekannt. Es besagt: werden mehrere Elemente addiert, so sind diese in ihrer Reihenfolge austauschbar ohne daß sich das Ergebnis verändert:

$$x_1 + x_2 = x_2 + x_1$$

Das Kommutative Gesetz gilt in gleicher Weise auch für die schaltalgebraischen Kurzzeichen & und V:

$$x_1 \,\&\, x_2 = x_2 \,\&\, x_1$$
$$x_1 \vee x_2 = x_2 \vee x_1$$

Treten in der Algebra mehrere Additionen (bzw. Multiplikationen) auf, so kann durch Setzen von Klammern die Reihenfolge festgelegt werden, ohne daß der Ergebniswert verändert würde. Diese Regel wird *Assoziatives Gesetz* genannt und hat folgende Form:

für die Addition : $(x_1 + x_2) + x_3 = x_1 + (x_2 + x_3) = x_1 + x_2 + x_3$

für die Multiplikation: $(x_1 \cdot x_2) \cdot x_3 = x_1 \cdot (x_2 \cdot x_3) = x_1 \cdot x_2 \cdot x_3$

Antwort 28

			Ausgang
Postulat	2a)	Parallelschaltung zweier stets offener Kontakte:	O
Postulat	3a)	Parallelschaltung zweier stets geschlossener Kontakte:	L
Postulat	2b)	Reihenschaltung zweier stets geschlossener Kontakte:	L
Postulat	3b)	Reihenschaltung zweier stets offener Kontakte:	O

> Das **Assoziative Gesetz** besagt also:
> Wird auf mehrere Variable nur **ein** Operationstyp angewandt, so ist es gleichgültig, welche Variablen wir zuerst zusammenfassen. Die Stellung der Klammern ist also gleichgültig – sie können deshalb ganz weggelassen werden.

In dieser Form gilt das Assoziative Gesetz auch für die Operationen ‚Disjunktion' (V) und ‚Konjunktion' (&). Es gilt also:

> für die Disjunktion:
> $(x_1 \vee x_2) \vee x_3 = x_1 \vee (x_2 \vee x_3) = x_1 \vee x_2 \vee x_3$
> für die Konjunktion:
> ....

Aufgabe 31
Tragen Sie in obige Freizeile das Assoziative Gesetz für die Konjunktion ein!

Die Gültigkeit des Assoziativen Gesetzes für die Konjunktion wollen wir uns über die Gebietsdarstellung verdeutlichen. Über die beiden verschiedenen Zwischenergebnisse:

$$y_1 = (x_1 \,\&\, x_2)$$
$$\text{und } y_2 = (x_2 \,\&\, x_3)$$

kommen wir auf dasselbe Endergebnis: $x_1 \,\&\, x_2 \,\&\, x_3$

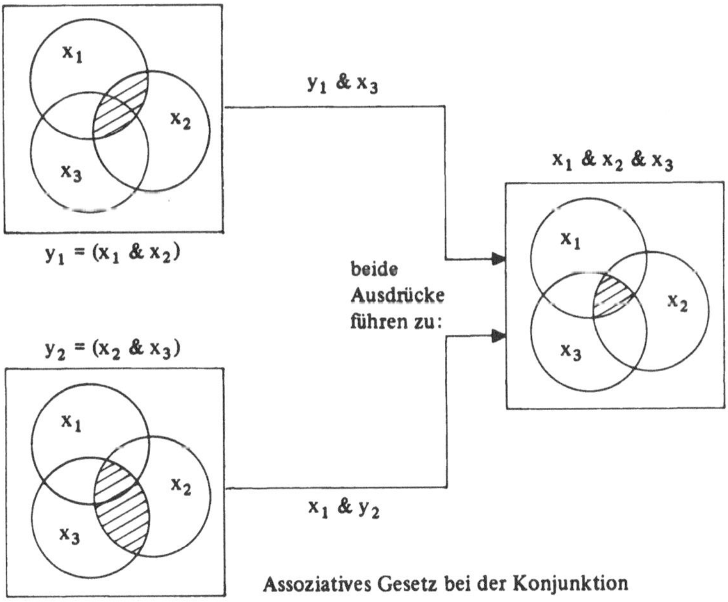

Assoziatives Gesetz bei der Konjunktion

5.4. Distributives Gesetz

Auch bei diesem Gesetz wollen wir auf die gewöhnliche Algebra zurückgreifen. Dort gilt:

$$x_1 \cdot (x_2 + x_3) = (x_1 \cdot x_2) + (x_1 \cdot x_3)$$

Hiervon ausgehend können wir für die Schaltalgebra in analoger Weise anschreiben:

> Distributives Gesetz 1. Art:
>
> $$x_1 \,\&\, (x_2 \vee x_3) = (x_1 \,\&\, x_2) \vee (x_1 \,\&\, x_3)$$

Aufgabe 32

Beweisen Sie mit der Methode der Induktion die Gültigkeit des ersten Distributiven Gesetzes. Wählen Sie dazu alle $(2^3 =)$ 8 möglichen O, L-Kombinationen (Minterme) der Variablen x_1, x_2, x_3 und zeigen Sie, daß beide Seiten des Gesetzes jeweils denselben Wahrheitswert (O bzw. L) ergeben.

Antwort 29

Theorem (5): $\bar{\bar{x}} = x$

a) Beweis für $x = O$: $\bar{x} = \bar{O} = L$
$\bar{\bar{x}} = \bar{L} = O = x$

b) Beweis für $x = L$: $\bar{x} = \bar{L} = O$
$\bar{\bar{x}} = \bar{O} = L = x$

Antwort 30

Theorem (1b):

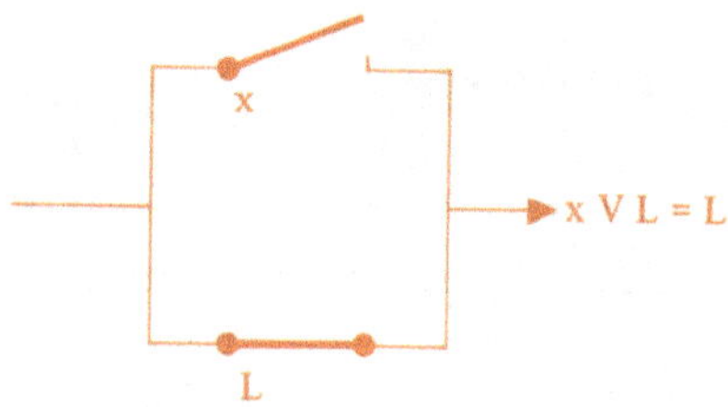

Antwort 31 $(x_1 \,\&\, x_2) \,\&\, x_3 = x_1 \,\&\, (x_2 \,\&\, x_3) = x_1 \,\&\, x_2 \,\&\, x_3$

In der gewöhnlichen Algebra gilt die 2. Form des Distributiven Gesetzes nicht; es ist nämlich:

$$x_1 + (x_2 \cdot x_3) \neq (x_1 + x_2) \cdot (x_1 + x_3)$$

Die rechte und linke Seite dieses Ausdrucks sind *nicht* gleichwertig und austauschbar. Dagegen gilt in der Schaltalgebra:

Distributives Gesetz 2. Art:

$$x_1 \vee (x_2 \,\&\, x_3) = (x_1 \vee x_2) \,\&\, (x_1 \vee x_3)$$

In der Schaltalgebra sind also die Kurzzeichen & und V völlig gleichberechtigt. Mit dem Distributiven Gesetz 2. Art lassen sich ebenso häufig Vereinfachungen von Schaltfunktionen durchführen wie mit dem 1. Art. Zu Minimierungs-Zwekken werden die beiden Distributiven Gesetze meist von rechts nach links eingesetzt.

Aufgabe 33

Welches Gesetz der Schaltalgebra gestattet folgende Umformung:

$[(x_1 \,\&\, x_2) \vee x_2] \,\&\, [(x_1 \,\&\, x_2) \vee x_3] = (x_1 \,\&\, x_2) \vee (x_2 \,\&\, x_3)$

a) Distributives Gesetz 1. Art
b) Distributives Gesetz 2. Art
c) Assoziatives Gesetz

5.5. Morgan'sches Theorem

Eine sehr wichtige und praktische Umformregel finden wir in dem nach Morgan benannten Theorem. Es kennzeichnet recht deutlich den Dualismus zwischen der Konjunktion und der Disjunktion, der schon bei den Postulaten auffiel.

Morgan'sches Theorem:

$$\overline{x_1 \vee x_2} = \overline{x}_1 \,\&\, \overline{x}_2$$

und: $$\overline{x_1 \,\&\, x_2} = \overline{x}_1 \vee \overline{x}_2$$

Mit Hilfe dieses Theorems kann demnach eine Disjunktion zwischen den Eingangsvariablen x_1, x_2 in eine Konjunktion zwischen ihren Negationen $\overline{x}_1, \overline{x}_2$ umgewandelt werden. Entsprechend ist die Zurückführung der Konjunktion auf die Disjunktion möglich.

Der amerikanische Mathematiker Shannon, der viel zur derzeitigen praktischen Bedeutung der Schaltalgebra beigetragen hat, brachte obige Aussage in eine allgemeinere Form für beliebig viele Variable $x_1 \ldots\ldots x_n$:

verallgemeinertes Morgan'sches Theorem:

$$\overline{y\,(x_1, x_2, \ldots\ldots x_n, \&, \vee)} = y\,(\overline{x}_1, \overline{x}_2, \ldots\ldots \overline{x}_n, \vee, \&)$$

Dieses Theorem besagt folgendes:
Für eine beliebige logische Funktion y der Eingangsvariablen $x_1, x_2, \ldots x_n$ erhält man die Negation $\overline{y}$ dieser Funktion, indem man:

a) jede Variable x durch deren Komplement $\overline{x}$ ersetzt (und umgekehrt)
und: b) die Konjunktionen & mit den Disjunktionen V vertauscht.

Beispiel:

es sei: $y = x_1 \vee (x_2 \,\&\, \overline{x}_3) \vee (\overline{x}_2 \,\&\, x_3)$
dann erhält man nach obigem Theorem die Negation $\overline{y}$ zu:

$$\overline{y} = \overline{x_1 \vee (x_2 \,\&\, \overline{x}_3) \vee (\overline{x}_2 \,\&\, x_3)}$$
$$= \overline{x}_1 \,\&\, (\overline{x}_2 \vee x_3) \,\&\, (x_2 \vee \overline{x}_3)$$

Die Negation $\overline{y}$ kann also sehr einfach durch rein formale Umwandlung gewonnen werden.

Antwort 32

x_1	x_2	x_3	$r = x_2 \vee x_3$	linke Seite $x_1 \,\&\, r$	$s = x_1 \,\&\, x_2$	$t = x_1 \,\&\, x_3$	rechte Seite $s \vee t$
O	O	O	O	O	O	O	O
O	O	L	L	O	O	O	O
O	L	O	L	O	O	O	O
O	L	L	L	O	O	O	O
L	O	O	O	O	O	O	O
L	O	L	L	L	O	L	L
L	L	O	L	L	L	O	L
L	L	L	L	L	L	L	L

↑ linke Seite = rechte Seite ↑

Antwort 33

a) Distributives Gesetz 2. Art
mit der Hilfsvariablen $z = x_1 \,\&\, x_2$ ergibt sich:
$[z \vee x_2] \,\&\, [z \vee x_3] = z \vee (x_2 \,\&\, x_3)$

Aufgabe 34

Wie lautet die Funktion $\overline{y}$, wenn: $y = (x_1 \& \overline{x}_2) \vee [x_3 \& \overline{(\overline{x}_1 \& x_2)}]$

a) $\overline{y} = (\overline{x}_1 \vee x_2) \& [\overline{x}_3 \vee (x_1 \vee \overline{x}_2)]$

b) $\overline{y} = (\overline{x}_1 \vee x_2) \& [\overline{x}_3 \vee (\overline{x}_1 \vee x_2)]$

c) $\overline{y} = (\overline{x}_1 \vee x_2) \& [\overline{x}_3 \vee (\overline{x}_1 \& x_2)]$

Durch Induktion wollen wir nun das Morgan'sche Theorem in seiner einfachen Form beweisen. Jeder der beiden Eingangsvariablen x_1, x_2 kann jeweils einen der beiden Werte O, L annehmen. Insgesamt erhalten wir also 4 mögliche Wertekombinationen, für die wir die Gleichheit der linken und rechten Seite des Morgan'schen Theorems zeigen müssen.

Behauptung: $\overline{x_1 \vee x_2} = \overline{x}_1 \& \overline{x}_2$

Beweis:

x_1	x_2	$x_1 \vee x_2$	$\overline{x_1 \vee x_2}$		$\overline{x}_1$	$\overline{x}_2$	$\overline{x}_1 \& \overline{x}_2$
O	O	O	L		L	L	L
O	L	L	O		L	O	O
L	O	L	O		O	L	O
L	L	L	O		O	O	O

es ist also: linke Seite = rechte Seite

damit ist die Behauptung stets erfüllt.

Aufgabe 35

Zeigen Sie, daß durch Negation der Äquivalenz $y_{10} = (x_1 \& x_2) \vee (\overline{x}_1 \& \overline{x}_2)$ die Antivalenz $y_7 = (\overline{x}_1 \& x_2) \vee (x_1 \& \overline{x}_2)$ entsteht.

5.6. Entwicklungstheorem

Die Anwendung des Entwicklungstheorems kann manchmal recht schnell zu Vereinfachungen der Schaltfunktion führen.

Das **Entwicklungstheorem** lautet:

Liegt eine logische Funktion y von den Eingangsvariablen $x_1, x_2, \ldots x_n$ vor, so gelten die beiden Beziehungen:

$$y(x_1, x_2, \ldots x_n) = [x_1 \& y(L, x_2, \ldots x_n)] \vee [\overline{x}_1 \& y(0, x_2, \ldots x_n)]$$
$$y(x_1, x_2, \ldots x_n) = [x_1 \vee y(0, x_2, \ldots x_n)] \& [\overline{x}_1 \vee y(L, x_2, \ldots x_n)]$$

Die Gültigkeit dieser beiden Beziehungen kann wieder leicht bewiesen werden, indem man für x_1 einmal O und einmal L einsetzt. Wir wollen uns hier auf den Nachweis für $x_1 = O$ und auf die erste Beziehung beschränken.

$$\begin{aligned} y(0, x_2 \ldots x_n) &= [O \,\&\, y(L, x_2, \ldots x_n)] \vee [\overline{O} \,\&\, y(0, x_2, \ldots x_n)] \\ &= O \vee [L \,\&\, y(0, x_2, \ldots x_n)] \\ &= O \vee y(0, x_2, \ldots x_n) \\ &= y(0, x_2, \ldots x_n) \end{aligned}$$

d. h., die linke und rechte sind gleich; die Beziehung ist also für $x_1 = O$ gültig.

Aufgabe 36

Führen Sie die zweite Hälfte des Beweises für die Gültigkeit der ersten Beziehung, d. h. mit $x_1 = L$, durch.

6. Vereinfachung von Schaltfunktionen

Aus der Tatsache, daß Umformungen möglich sind, allein schon folgt, daß eine Schaltfunktion in unterschiedlichen Formen auftreten kann. Aus wirtschaftlichen Gründen ist es nützlich, die Form zu wählen, die bei der technischen Realisierung den geringsten Aufwand verursacht. Meist bedeutet dies die minimale Anzahl von Bauelementen bzw. Baugruppen. AND- und OR-Funktionen werden durch serienmäßig gefertigte Baugruppen (Module) realisiert. Jede zusätzliche Variable bedeute eine zusätzliche Eingangsvariable. Anzustreben ist demnach, vereinfacht dargestellt, eine Form der Schaltfunktion mit geringer Anzahl von Variablen und Grundfunktionen.

Antwort 34

b)

Der Ausdruck $\overline{(\overline{x}_1 \,\&\, x_2)}$ kann als negierte Form der ‚Variablen' $(\overline{x}_1 \,\&\, x_2)$ aufgefaßt werden.

Antwort 35

$$\begin{aligned} \overline{y}_{10} &= \overline{(x_1 \,\&\, x_2) \vee (\overline{x}_1 \,\&\, \overline{x}_2)} && \text{(negierte Äquivalenz)} \\ &= (\overline{x}_1 \vee \overline{x}_2) \,\&\, (x_1 \vee x_2) && \text{(Morgan'sches Theorem)} \\ &= [\overline{x}_1 \,\&\, (x_1 \vee x_2)] \vee [\overline{x}_2 \,\&\, (x_1 \vee x_2)] && \text{(Distribut. Gesetz 1. Art)} \\ &= [(\overline{x}_1 \,\&\, x_1) \vee (\overline{x}_1 \,\&\, x_2)] \vee [(\overline{x}_2 \,\&\, x_1) \vee (\overline{x}_2 \,\&\, x_2)] && \text{(Distribut. Gesetz 1. Art)} \\ &= O \vee (\overline{x}_1 \,\&\, x_2) \vee (\overline{x}_2 \,\&\, x_1) \vee O && \text{(Theorem 1a)} \\ &= (\overline{x}_1 \,\&\, x_2) \vee (x_1 \,\&\, \overline{x}_2) && \text{(= Antivalenz)} \end{aligned}$$

Zur Vereinfachung der Schaltfunktion entsprechend dieser Zielsetzung können die verschiedenen, schon behandelten Darstellungsformen, Theoreme und Gesetze herangezogen werden. An einem Beispiel werden mehrere Methoden der Vereinfachung aufgezeigt.

Vorgegeben sei die Schaltfunktion:

$$y = [(x_1 \vee x_2) \,\&\, (x_1 \vee x_3)] \vee (x_1 \,\&\, x_2 \,\&\, x_3)$$

Sie soll vereinfacht werden mit Hilfe

a) der Rechenregeln (Theoreme und Gesetze)
b) des Entwicklungssatzes
c) der Gebietsdarstellung
d) des Karnaugh-Diagramms
e) der Kontaktskizze

6.1. Vereinfachung mit den Rechenregeln

Die Schaltfunktion lautet:

$$y = [(x_1 \vee x_2) \,\&\, (x_1 \vee x_3)] \vee (x_1 \,\&\, x_2 \,\&\, x_3)$$

mit dem Distributiven Gesetz 2. Art folgt:

$$y = [x_1 \vee (x_2 \,\&\, x_3)] \vee (x_1 \,\&\, x_2 \,\&\, x_3)$$

Das Assoziative Gesetz erlaubt es, die eckige Klammer wegzulassen.

$$y = x_1 \vee (x_2 \,\&\, x_3) \vee (x_1 \,\&\, x_2 \,\&\, x_3)$$

Nach Anwendung von Theorem (2b) (S. 47) auf x_1 und Umstellung der beiden Klammerausdrücke entsprechend dem Kommutativen Gesetz folgt:

$$y = (x_1 \,\&\, L) \vee (x_1 \,\&\, x_2 \,\&\, x_3) \vee (x_2 \,\&\, x_3)$$

Das 1. Distributive Gesetz ermöglicht es, x_1 aus den ersten beiden Ausdrücken herauszuziehen:

$$y = [x_1 \,\&\, [L \vee (x_2 \,\&\, x_3)]] \vee (x_2 \,\&\, x_3)$$

Laut Theorem (1b) ergibt die innere eckige Klammer den Wert L:

$$y = [x_1 \,\&\, L] \vee (x_2 \,\&\, x_3)$$

Der erste Klammerausdruck ist nach Theorem (2b) identisch mit x_1:

$$y = x_1 \vee (x_2 \,\&\, x_3)$$

Diese vereinfachte Form der Schaltfunktion weist nur noch 2 Grundfunktionen gegenüber den 6 Grundfunktionen der ursprünglichen Form auf.

Aufgabe 37

Vereinfachen Sie mit Hilfe der Rechenregeln folgende Schaltfunktion:

$$y = [[(x_1 \vee x_2) \,\&\, (x_1 \vee \overline{x}_2)] \,\&\, [(x_1 \,\&\, \overline{x}_2) \vee (\overline{x}_1 \,\&\, x_2)]] \vee \overline{x}_3$$

6.2. Vereinfachung über den Entwicklungssatz

Das im vorausgehenden Kapitel behandelte Beispiel kann auch unter Anwendung des Entwicklungssatzes vereinfacht werden. Beide Formen des Entwicklungssatzes benötigen die zwei Hilfsfunktionen $y(x_1 = O)$ und $y(x_1 = L)$, falls der Satz auf die Variable x_1 angewandt wird.

Die Funktion selbst lautet:

$$y = [(x_1 \vee x_2) \& (x_1 \vee x_3)] \vee (x_1 \& x_2 \& x_3)$$

Hilfsfunktionen: a)

$$\begin{aligned} y(x_1 = O) &= [(O \vee x_2) \& (O \vee x_3)] \vee (O \& x_2 \& x_3) \\ &= [x_2 \& x_3] \vee O \\ &= x_2 \& x_3 \end{aligned}$$

b)

$$\begin{aligned} y(x_1 = L) &= [(L \vee x_2) \& (L \vee x_3)] \vee (L \& x_2 \& x_3) \\ &= [L \& L] \vee (x_2 \& x_3) \\ &= L \vee (x_2 \& x_3) \\ &= L \end{aligned}$$

c) Entwicklungssatz in Form 2

$$\begin{aligned} y &= [x_1 \vee y(x_1 = O)] \& [x_1 \vee y(x_1 = L)] \\ &= [x_1 \vee (x_2 \& x_3)] \& [x_1 \vee L] \\ &= [x_1 \vee (x_2 \& x_3) \& L \\ &= x_1 \vee (x_2 \& x_3) \end{aligned}$$

Antwort 36

$$\begin{aligned} y(L, x_2 \ldots x_n) &= [L \& y(L, x_2, \ldots x_n)] \vee [O \& y(O, x_2, \ldots x_n)] \\ &= y(L, x_2, \ldots x_n) \vee O \\ &= y(L, x_2, \ldots x_n) \end{aligned}$$

linke Seite = rechte Seite für $x_1 = L$.

Antwort 37

$$\begin{aligned} y &= [[(x_1 \vee x_2) \& (x_1 \vee \overline{x}_2)] \& [(x_1 \& \overline{x}_2) \vee (\overline{x}_1 \& x_2)]] \vee \overline{x}_3 \\ &= [[x_1 \vee (x_2 \& \overline{x}_2)] \& [(x_1 \& \overline{x}_2) \vee (\overline{x}_1 \& x_2)]] \vee \overline{x}_3 \\ &= [[x_1 \vee O] \& [(x_1 \& \overline{x}_2) \vee (\overline{x}_1 \& x_2)]] \vee \overline{x}_3 \\ &= [x_1 \& [(x_1 \& \overline{x}_2) \vee (\overline{x}_1 \& x_2)]] \vee \overline{x}_3 \\ &= (x_1 \& x_1 \& \overline{x}_2) \vee (x_1 \& \overline{x}_1 \& x_2) \vee \overline{x}_3 \\ &= (x_1 \& \overline{x}_2) \vee O \vee \overline{x}_3 \\ &= (x_1 \& \overline{x}_2) \vee \overline{x}_3 \end{aligned}$$

Es ergibt sich also die gleiche vereinfachte Form der Schaltfunktion, wie im vorausgehenden Kapitel.

Aufgabe 38

Vereinfachen Sie die in Aufgabe 37 angegebene Schaltfunktion, indem Sie die zweite Form des Entwicklungssatzes auf die Variable x_2 anwenden.

6.3. Vereinfachung über die Gebietsdarstellung

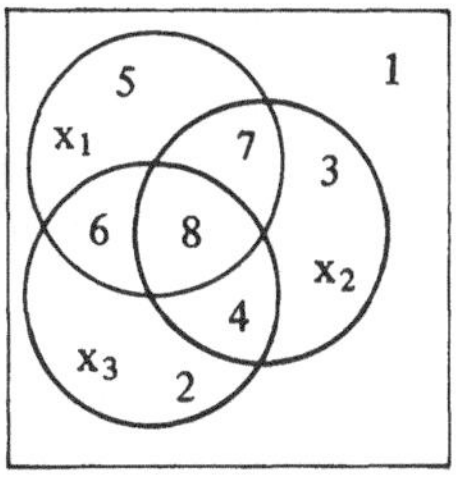

Die zu vereinfachenden Schaltfunktion enthält 3 Eingangsvariable. Die Gebietsdarstellung umfaßt demnach $2^3 = 8$ Teilflächen, die entsprechend der Zeilen (Minterme) der Wertetafel numeriert werden (vgl. Antwort 13, S. 30).

Die einzelnen Terme der Schaltfunktion y beschreiben Teilflächen. Sind die Terme mit & verbunden, so sind nur die gemeinsamen Teilflächen zu schraffieren. Eine V-Verknüpfung bedeutet die Schraffur aller in den Einzeltermen genannten Teilflächen.

Schaltfunktion $y = [(x_1 \vee x_2) \,\&\, (x_1 \vee x_3)] \vee (x_1 \,\&\, x_2 \,\&\, x_3)$

Teilflächen: (3, 4, 5, 6, 7, 8) & (2, 4, 5, 6, 7, 8) 8

Teilflächen: [4, 5, 6, 7, 8] V 8

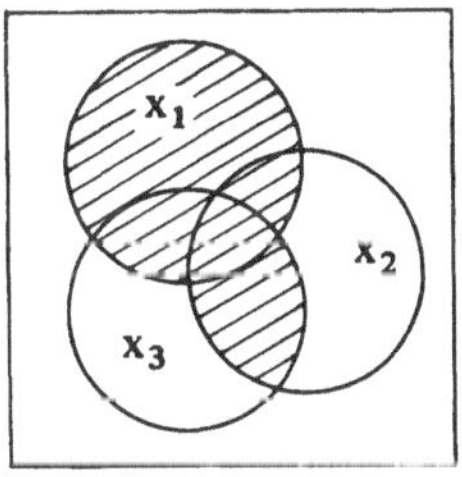

4, 5, 6, 7, 8

zu schraffierende Teilflächen

Da x_1 die Teilflächen: 5, 6, 7, 8
und $x_2 \vee x_3$ die Teilflächen: 4 und 8 umschließt,
gilt die vereinfachte Form: $y = x_1 \vee (x_2 \,\&\, x_3)$

Aufgabe 39

Zeichnen Sie die Gebietsdarstellung für die bekannte Schaltfunktion aus Aufgabe 37. Versuchen Sie, die schraffierte Fläche als vereinfachte Schaltfunktion anzuschreiben.

Antwort 38

Entwicklungssatz auf x_2 angewandt:

a) $$\begin{aligned} y(x_2 = O) &= [[(x_1 \, V \, O) \,\&\, (x_1 \, V \, L)] \,\&\, [(x_1 \,\&\, L) \, V \, (\overline{x}_1 \,\&\, O)]] \, V \, \overline{x}_3 \\ &= [[\, x_1 \,\&\, L \,] \,\&\, [\, x_1 \, V \, O \,]] \, V \, \overline{x}_3 \\ &= [\, x_1 \,\&\, x_1 \,] \, V \, \overline{x}_3 \\ &= x_1 \, V \, \overline{x}_3 \end{aligned}$$

b) $$\begin{aligned} y(x_2 = L) &= [[(x_1 \, V \, L) \,\&\, (x_1 \, V \, O)] \,\&\, [(x_1 \,\&\, O) \, V \, (\overline{x}_1 \,\&\, L)]] \, V \, \overline{x}_3 \\ &= [\, x_1 \,\&\, \overline{x}_1 \,] \, V \, \overline{x}_3 \\ &= O \, V \, \overline{x}_3 \\ &= \overline{x}_3 \end{aligned}$$

Entwicklungssatz in Form 2:

c) $$\begin{aligned} y &= [x_2 \, V \, y(x_2 = O)] \,\&\, [\overline{x}_2 \, V \, y(x_2 = L)] \\ &= [x_2 \, V \, x_1 \, V \, \overline{x}_3 \,] \,\&\, [\overline{x}_2 \, V \, \overline{x}_3] \\ &= [(x_2 \, V \, x_1) \,\&\, \overline{x}_2 \,] \, V \, \overline{x}_3 \\ &= (x_1 \,\&\, \overline{x}_2) \, V \, \overline{x}_3 \end{aligned}$$

Antwort 39

Die 3 Eingangsvariablen bedingen $2^3 = 8$ Teilflächen.

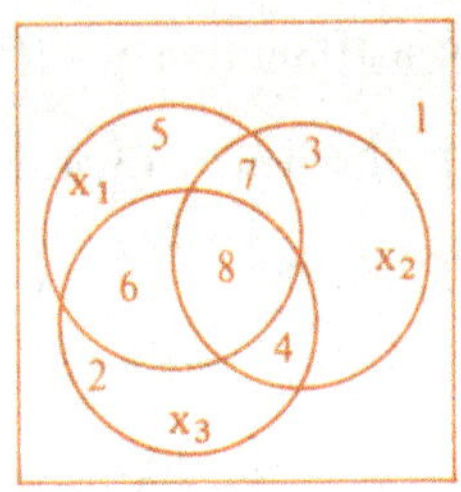

Schaltfunktion y

$$y = [[(x_1 \, V \, x_2) \,\&\, (x_1 \, V \, \overline{x}_2)] \,\&\, [(x_1 \,\&\, \overline{x}_2) \, V \, (\overline{x}_1 \,\&\, x_2)]] \, V \, \overline{x}_3$$

Teilflächen: [[5, 6, 7, 8] & [3, 4, 5, 6]] V (1, 3, 5, 7)

Teilflächen: [5, 6] V (1, 3, 5, 7)

1, 3, 5, 6, 7

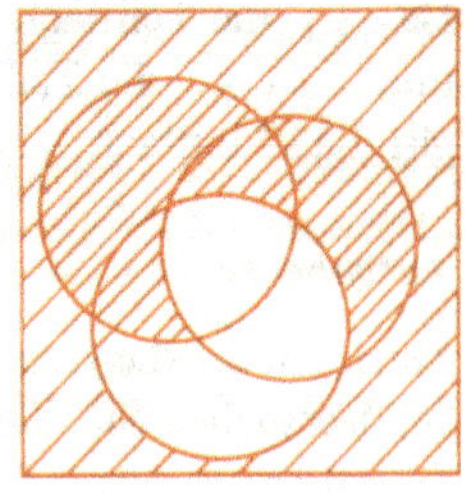

6.4. Vereinfachung über das Karnaugh-Diagramm

Ebenso wie für die Gebietsdarstellung, ergeben sich bei den 3 Einflußvariablen $2^3 = 8$ Teilflächen. Die Numerierung der Teilflächen erfolgt analog zur Gebietsdarstellung aus der Wertetafel heraus.

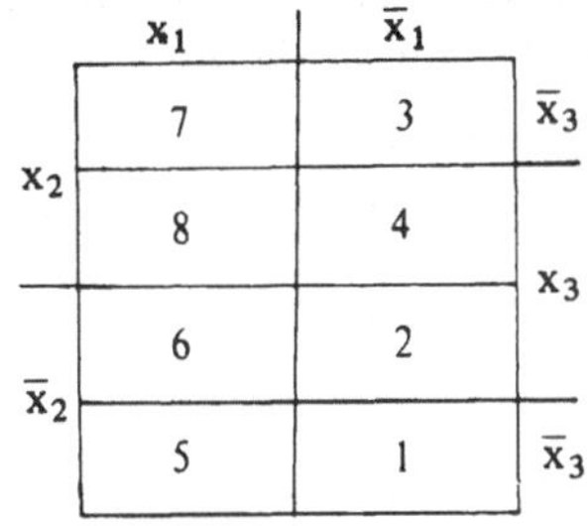

Aus der Analyse der vorausgehenden Kapitel übernehmen wir, daß die Teilflächen 4, 5, 6, 7, 8 zu schraffieren sind.

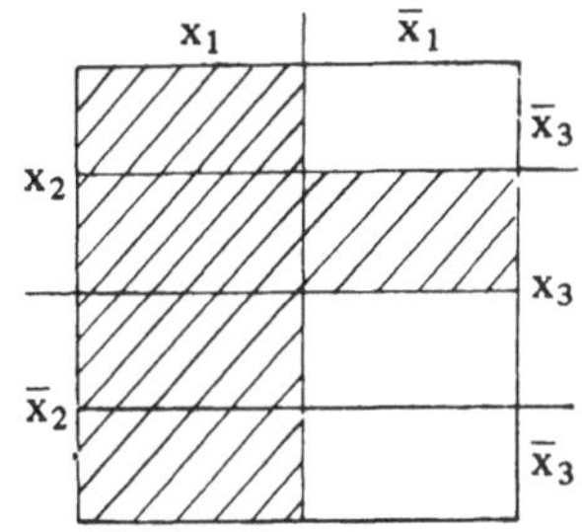

Im folgenden seien nur die schraffierten Teilflächen betrachtet. Zwei derartige Teilflächen heißen benachbart, wenn von einer zur anderen sich nur eine Variable ändert, z. B. $x_1 \& x_2 \& \overline{x}_3$ und $x_1 \& \overline{x}_2 \& \overline{x}_3$. Beide Teilflächen können zu der Blockfläche $x_1 \& \overline{x}_3$ zusammengefaßt werden. Benachbarte Teilflächen brauchen nicht notwendig räumlich aneinander grenzen, wie das Beispiel zeigt. Die Grundüberlegung der Minimierung mit Hilfe der Karnaugh-Diagramme lautet: möglichst viele benachbarte Teilflächen zu einem Block zusammenzufassen. Dabei dürfen Teilflächen mehrfach benützt werden, da die einzelnen Blöcke disjunktiv (V) verknüpft werden.

Das Karnaugh-Diagramm der obigen Beispiels kann schon mit 2 Blöcken aufgebaut werden:

	der Block	x_1	umschließt Teilfläche	5, 6, 7, 8
und	der Block	$x_2 \& x_3$	umschließt Teilfläche	4, 8

d. h. es gilt für die vereinfachte Form der Schaltfunktion:

$$y = x_1 \vee (x_2 \& x_3)$$

Aufgabe 40

Zeichnen Sie das Karnaugh-Diagramm der schon bekannten Schaltfunktion aus Aufgabe 37.

Durch Zusammenfassung von Teilflächen zu Blöcken und deren disjunktive Verknüpfung entsteht eine vereinfachte Form dieser Schaltfunktion.

6.5. Vereinfachung über die Kontaktskizze

Bei gewisser Übung lassen sich mit Hilfe der Kontaktskizze recht wirksame Vereinfachungen finden.

Das Beispiel:

$$y = \underbrace{[(x_1 \vee x_2) \,\&\, (x_1 \vee x_3)]}_{} \vee \underbrace{(x_1 \,\&\, x_2 \,\&\, x_3)}_{}$$

mit den 2 Termen:

$$y = \qquad y_1 \quad \vee \quad y_2$$

zeigt als Kontaktskizze drei zu vergleichende Wege:

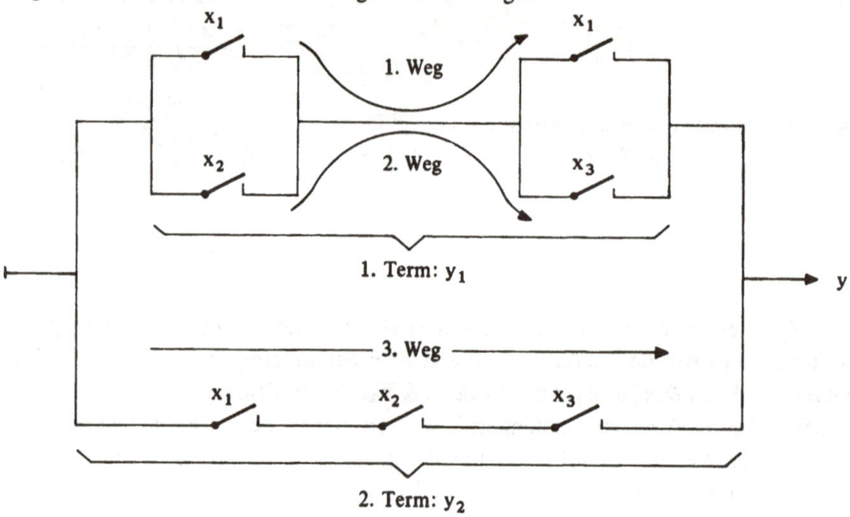

Antwort 40

Aus Antwort 39 folgt, daß die Teilflächen 1, 3, 5, 6, 7 zu schraffieren sind.

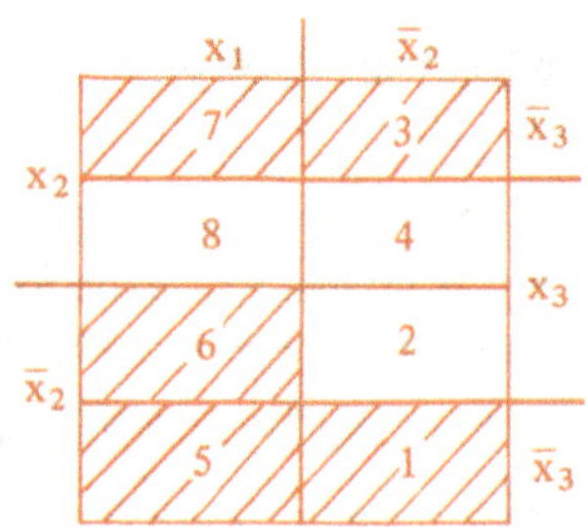

Die Teilflächen 7, 3, 5, 1 sind durch den Ausdruck $\overline{x}_3$ festgelegt. Die verbleibende Teilfläche 6 kann mit 5 zu $x_1 \,\&\, \overline{x}_2$ zusammengefaßt werden. Die disjunktive Verknüpfung ergibt:

$$y = (x_1 \,\&\, \overline{x}_2) \vee \overline{x}_3$$

Der 1. Weg, der zu dem Wert $y = L$ führt, ist schon brauchbar, wenn $x_1 = L$. Der 2. Weg schließt den Strompfad, sobald $x_2 = L$ und $x_3 = L$. Der 3. Weg ist nur gangbar, wenn $x_1 = L$, $x_2 = L$ und $x_3 = L$. Dann ist aber der Strompfad ohnehin schon über den 1. u. 2. Weg geschlossen. Den 3. Weg können wir also völlig weglassen.

Den 1. und den 2. Weg können wir noch etwas ‚zusammenziehen' und erhalten als Ergebnis:

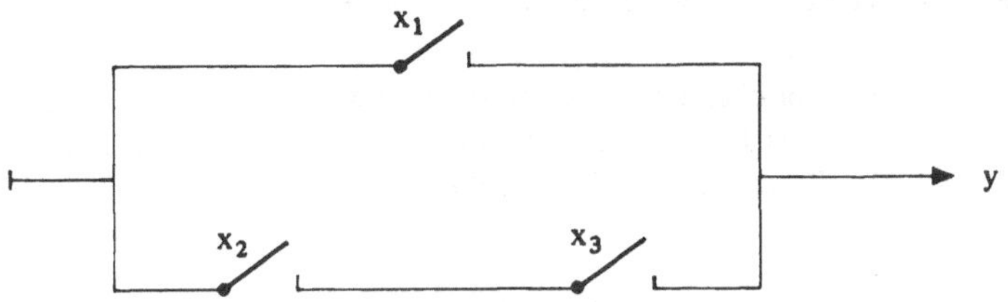

Aus dieser Kontaktskizze können wir rückschließend sofort die uns schon bekannte Form der vereinfachten Schaltfunktion y ablesen:

$$y = x_1 \vee (x_2 \,\&\, x_3)$$

7. Normalformen der Schaltfunktion

Im vorhergehenden Abschnitt haben wir an einem Beispiel gesehen, daß ein und dieselbe Schaltfunktion umfangreicher oder aber vereinfacht angeschrieben werden kann. Dieselbe Schaltfunktion kann also in verschiedenen Schreibformen auftreten, wobei allerdings jede Form durch Umwandlung nach den angegebenen Rechenregeln in die andere Form gebracht werden kann.

Im folgenden werden wir zwei ‚genormte' Formen der Schaltfunktion kennenlernen – also Formen mit klar definiertem Aufbau. Es sind dies die ‚Disjunktive Normalform' und die ‚Konjunktive Normalform'.

Sie dienen dazu, aus der Wertetafel die Schaltfunktion mit Kurzzeichen zu erstellen und sind ferner Ausgangspunkt auch von Vereinfachungsmethoden.

7.1. Disjunktive Normalform

Aus S. 33 wissen wir, daß die Wertetafel irgendeiner Boole'schen Funktion bei n Eingangsvariablen $x_1, x_2, \ldots x_n$ insgesamt 2^n Zeilen besitzt. Die konjunktive Verknüpfung (&) der Variablen entsprechend der O, L-Werte einer Zeile ergibt einen Minterm pro Zeile. Ein Minterm entspricht einer Teilfläche der Gebietsdarstellung und im Karnaugh-Diagramm.

Werden alle Minterme, für welche die Ausgangsvariable y laut Wertetafel zu L wird (d. h. deren zugehörige Teilfläche schraffiert ist), disjunktiv miteinander verknüpft, so entsteht die Disjunktive Normalform (DN). Sie ist, wie schon erwähnt, eine der vielen möglichen Formen der Schaltfunktion.

Die im Abschnitt 6 als Beispiel benützte Schaltfunktion

$$y = [(x_1 \vee x_2) \,\&\, (x_1 \vee x_3)] \vee (x_1 \,\&\, x_2 \,\&\, x_3)$$

diene auch hier wieder, um die allgemeine Aussage zu interpretieren.

Die zugehörige Wertetafel errechnet sich, indem etwa zeilenweise die O, L-Kombinationen der drei Variablen in die Funktion eingesetzt werden und der y-Wert ermittelt wird. Die Wertetafel mit den zugehörigen Mintermen lautet:

	x_1	x_2	x_3	y	Minterm
1. Zeile	O	O	O	O	$(\bar{x}_1 \,\&\, \bar{x}_2 \,\&\, \bar{x}_3)$
2. Zeile	O	O	L	O	$(\bar{x}_1 \,\&\, \bar{x}_2 \,\&\, x_3)$
3. Zeile	O	L	O	O	$(\bar{x}_1 \,\&\, x_2 \,\&\, \bar{x}_3)$
4. Zeile	O	L	L	L	$(\bar{x}_1 \,\&\, x_2 \,\&\, x_3)$
5. Zeile	L	O	O	L	$(x_1 \,\&\, \bar{x}_2 \,\&\, \bar{x}_3)$
6. Zeile	L	O	L	L	$(x_1 \,\&\, \bar{x}_2 \,\&\, x_3)$
7. Zeile	L	L	O	L	$(x_1 \,\&\, x_2 \,\&\, \bar{x}_3)$
8. Zeile	L	L	L	L	$(x_1 \,\&\, x_2 \,\&\, x_3)$

Die Minterme, für die y = L wird, stehen in den Zeilen 4 bis 8. Für diese Minterme, denen je eine Teilfläche der Gebietsdarstellung entspricht, gilt also laut Wertetafel: wenn einer oder mehrere dieser Minterme erfüllt wird (d. h. L wird), dann wird auch die Ausgangsvariable y = L. Die Minterme sind also disjunktiv (V) zu verknüpfen. Damit entsteht die Disjunktive Normalform:

$$\text{DN:}\quad y = (\bar{x}_1 \,\&\, x_2 \,\&\, x_3) \vee (x_1 \,\&\, \bar{x}_2 \,\&\, \bar{x}_3) \vee (x_1 \,\&\, \bar{x}_2 \,\&\, x_3) \vee (x_1 \,\&\, x_2 \,\&\, \bar{x}_3) \vee (x_1 \,\&\, x_2 \,\&\, x_3)$$

Von obigem Beispiel ist die vereinfachte Form aus dem vorangegangenen Abschnitt schon bekannt.

$$y = x_1 \vee (x_2 \,\&\, x_3)$$

Sie läßt sich mit Hilfe der Methoden aus Kap. 6, beispielsweise der Rechenregeln, auch aus der DN heraus ableiten.

Unterscheiden sich zwei Minterme nur in einem Variablenwert, so kann diese Variable aus ihnen gestrichen werden. Dieses Verfahren entspricht der Blockbildung im Karnaugh-Diagramm.

Beispiel:

Der Minterm 5 : $x_1 \& \overline{x}_2 \& \overline{x}_3$
und der Minterm 6: $x_1 \& \overline{x}_2 \& x_3$
unterscheiden sich nur im Variablenwert x_3. Demnach läßt sich unter Streichung der Variablen x_3 zusammenfassen:

$$(x_1 \& \overline{x}_2 \& \overline{x}_3) \vee (x_1 \& \overline{x}_2 \& x_3) = (x_1 \& \overline{x}_2)$$

Entsprechendes gilt für die Minterme 7 und 8.
Damit folgt:

$$y = (\overline{x}_1 \& x_2 \& x_3) \vee (x_1 \& \overline{x}_2) \vee (x_1 \& x_2)$$

Die beiden letzten Terme unterscheiden sich nur im Variablenwert x_2, d. h. sie ergeben verkürzt: x_1
Daraus folgt:

$$\begin{aligned} y &= (\overline{x}_1 \& x_2 \& x_3) \vee x_1 \\ &= (\overline{x}_1 \vee x_1) \& [(x_2 \& x_3) \vee x_1] \\ &= \quad L \quad \& [(x_2 \& x_3) \vee x_1] \\ &= x_1 \vee (x_2 \& x_3) \end{aligned}$$

Aus der DN wurde damit die vereinfachte Form der Schaltfunktion y gefunden.

Die DN ist stark redundant, was sich in erhöhtem technischen Aufwand niederschlagen würde. Sie würde 15 Kontakte benötigen, die vereinfachte Form der Schaltfunktion dagegen nur 3.

Aufgabe 41

Erstellen Sie für die in den Aufgaben 37 bis 40 benützte Schaltfunktion:

a) die Wertetafel
b) die DN

Versuchen Sie, die DN soweit zu vereinfachen, daß die aus den Aufgaben 37 bis 40 her bekannte vereinfachte Form erreicht wird.

7.2. Konjunktive Normalform

Die Konjunktive Normalform (KN) ist ähnlich aufgebaut wie die DN. Auch zu ihrer Erstellung wird die Wertetafel benützt. Im Gegensatz zum Aufbau der DN, wird bei der Entwicklung der KN der Umweg über die negierte Funktion $\overline{y}$ gewählt. $\overline{y} = L$ ist gleichbedeutend mit $y = O$. $y = O$ tritt aber dann ein, wenn eine oder mehrere der Minterme mit $y = O$ in der Wertetafel, zu L erfüllt sind. Die Funktion $\overline{y}$ entsteht demnach durch disjunktive (V) Verknüpfung aller Minterme mit $y = O$.

Im Beispiel (S. 62) sind das die Minterme der Zeile 1, 2 und 3. Es ergibt sich demnach:

$$\overline{y} = (\overline{x}_1 \& \overline{x}_2 \& \overline{x}_3) \vee (\overline{x}_1 \& \overline{x}_2 \& x_3) \vee (\overline{x}_1 \& x_2 \& \overline{x}_3)$$

Als Endergebnis interessiert aber nicht die negierte Funktion $\overline{y}$, sondern die Schaltfunktion y selbst. Durch Negation von $\overline{y}$ kann sie erstellt werden:

$$y = \overline{\overline{y}} = \overline{(\overline{x}_1 \& \overline{x}_2 \& \overline{x}_3) \vee (\overline{x}_1 \& \overline{x}_2 \& x_3) \vee (\overline{x}_1 \& x_2 \& \overline{x}_3)}$$

Zur Umformung erweist sich hier das verallgemeinerte Morgan'sche Theorem als sehr nützlich.

$$y = (x_1 \vee x_2 \vee x_3) \& (x_1 \vee x_2 \vee \overline{x}_3) \& (x_1 \vee \overline{x}_2 \vee x_3)$$

Diesen Ausdruck für die Schaltfunktion y nennt man die KN. Der analoge Aufbau zu DN ist sofort zu erkennen.

Ebenso wie die DN ist natürlich auch die KN stark redundant, d. h. weitschweifig in ihrem Aufbau. Durch die verschiedenen Vereinfachungsmethoden (Minimierungsverfahren) können wie aber auch hier zu einer stark reduzierten Form der Schaltfunktion kommen. Wir wollen eine solche Vereinfachung mittels der bekannten Theoreme vornehmen.

Das Distributive Gesetz liefert aus der KN:

$$\begin{aligned} y &= x_1 \vee [(x_2 \vee x_3) \& (x_2 \vee \overline{x}_3) \& (\overline{x}_2 \vee x_3)] \\ &= x_1 \vee [(x_2 \vee O) \& (\overline{x}_2 \vee x_3)] \\ &= x_1 \vee [x_2 \& (\overline{x}_2 \vee x_3)] \\ &= x_1 \vee (x_2 \& x_3) \end{aligned}$$

Dies ist wieder die schon aus der DN heraus gewonnene vereinfachte Form.

Aufgabe 42

a) Bauen Sie, ausgehend von der Wertetafel in Aufgabe 41, die KN auf.
b) Vereinfachen Sie diese KN auf die auch in Aufgabe 41 gewonnene Form.

Antwort 41

a) Aus Antwort 40 ist bekannt, daß die Zeilen 1, 3, 5, 6 und 7 der Wertetafel in der y-Spalte mit einer L besetzt sind.

b) Daraus entsteht folgende DN:

$$\begin{aligned} y = {} & (\overline{x}_1 \& \overline{x}_2 \& \overline{x}_3) \vee (\overline{x}_1 \& x_2 \& \overline{x}_3) \vee (x_1 \& \overline{x}_2 \& \overline{x}_3) \\ & \vee (x_1 \& \overline{x}_2 \& x_3) \vee (x_1 \& x_2 \& \overline{x}_3) \end{aligned}$$

Die Minterme 1 und 5 sowie 3 und 7 lassen sich zusammenfassen:

$$\begin{aligned} y &= (\overline{x}_2 \& \overline{x}_3) \vee (x_2 \& \overline{x}_3) \vee (x_1 \& \overline{x}_2 \& x_3) \\ &= \overline{x}_3 \vee (x_1 \& \overline{x}_2 \& x_3) \\ &= \overline{x}_3 \vee (x_1 \& \overline{x}_2) \end{aligned}$$

Zur Aufstellung einer Schaltfunktion y aus der Wertetafel sind die DN und die KN gleichberechtigt. Sie führen nach entsprechender Vereinfachung auf den gleichen reduzierten Ausdruck für y. Dennoch ist es nicht gleichgültig, welche der beiden Normalformen benützt wird. Treten nämlich in der y-Spalte der Wertetafel mehr O als L auf, so werden zum Aufbau der KN mehr Minterme verwertet als zum Aufbau der DN.

Als Ausgangsform für weitere Vereinfachungsschritte eignet sich die KN, wenn die Zahl der O größer ist als die Zahl der L in der y-Spalte. Dies traf für das angeführte Beispiel zu. Im umgekehrten Fall wird die DN gebildet.

8. Anwendungsbeispiele

Im folgenden sollen an einigen praktischen Beispielen der Übergang von der verbalen Aufgabenstellung zur schaltalgebraischen Darstellung und die Nützlichkeit dieser Darstellung als Vorstufe für eine schaltungstechnische Lösung der jeweiligen Aufgabe gezeigt werden.

8.1. Beleuchtungsschaltung

In einem Saal seien an jedem der dezentralen drei Eingänge ein Schalter zur Betätigung der zentralen Beleuchtung. Die 3 Schalter arbeiten im Wechselbetrieb, d. h. über jeden Schalter kann die angeschaltete Beleuchtung abgeschaltet werden und umgekehrt. Eine der Kombinationen der Schalterstellungen für angeschaltete Beleuchtung sei: ‚alle Schalter unten'.

Jeder Schalter besitzt zwei zulässige Positionen: ‚oben' und ‚unten'. Wir legen frei fest:

Schalterpositionen: oben = O
unten = L

Den 3 Schalterpositionen werden die Variablen x_1, x_2, x_3 zugeordnet.

Der zweiwertige Beleuchtungszustand sei mit y abgekürzt:

Funktionswert:	bedeute:
y = O	Beleuchtung ausgeschaltet
y = L	Beleuchtung eingeschaltet

Dann gilt für obigen Satz ‚alle Schalter unten':

$$y = L \quad \text{für} \quad x_1 \;\&\; x_2 \;\&\; x_3$$

a) Werden 1 oder 3 Schalter umgeschaltet, so erlischt die Beleuchtung, d. h. y wird O.

b) Werden dagegen 2 Schalter umgeschaltet, so bleibt die Beleuchtung angeschaltet, d. h. y bleibt L.

Schaltalgebraisch formuliert besagt dies:

a) Für alle Minterme, die sich in einer oder drei Variablenwerten vom Ausgangs-Minterm $x_1 \& x_2 \& x_3$ unterscheidet wird $y = O$.

b) bei einer Unterscheidung in zwei Variablenwerten bleibt $y = L$. Daraus kann die Wertetafel und aus ihr wiederum die Gebietsdarstellung aufgebaut werden.

Wertetafel

x_1	x_2	x_3	y
O	O	O	O
O	O	L	L
O	L	O	L
O	L	L	O
L	O	O	L
L	O	L	O
L	L	O	O
L	L	L	L

Gebietsdarstellung

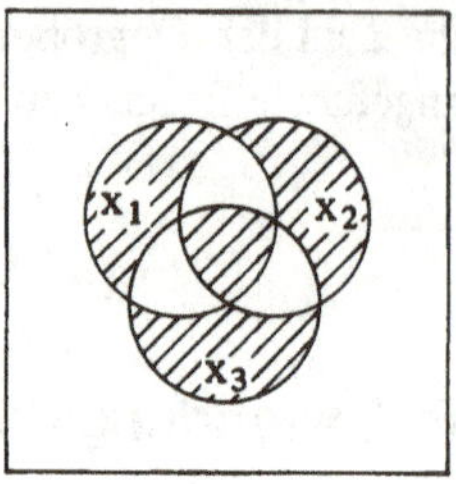

Aufgabe 43

Zeichnen Sie das Karnaugh-Diagramm zu dieser Wertetafel und Gebietsdarstellung.

Die DN wird aus der Wertetafel heraus aufgebaut und lautet:

$$y = (\overline{x}_1 \& \overline{x}_2 \& x_3) \vee (\overline{x}_1 \& x_2 \& \overline{x}_3) \vee$$
$$(x_1 \& \overline{x}_2 \& \overline{x}_3) \vee (x_1 \& x_2 \& x_3)$$

Sie enthält die Minterme der Zeilen 2, 3, 5 und 8.

Aufgabe 44

Zeigen Sie, daß sich aus dieser DN eine Funktion der Form:

$$y = A\,(x_1, A(\overline{x}_2, x_3))$$

entwickeln läßt, wobei $A(\ldots) =$ Antivalenzfunktion von $(\ldots)$ gilt.

Antwort 42

a) Aus Antwort 41 folgt, daß die Zeilen 2, 4, 8 der Wertetafel in der y-Spalte eine O enthalten. Daraus folgt:

$$\overline{y} = (\overline{x}_1 \& \overline{x}_2 \& x_3) \vee (\overline{x}_2 \& x_2 \& x_3) \vee (x_1 \& x_2 \& x_3)$$
$$y = \overline{\overline{y}} = (x_1 \vee x_2 \vee \overline{x}_3) \& (x_1 \vee \overline{x}_2 \vee \overline{x}_3) \& (\overline{x}_1 \vee \overline{x}_2 \vee \overline{x}_3)$$
$$= [(x_1 \vee x_2) \quad \& (x_1 \vee \overline{x}_2) \quad \& (\overline{x}_1 \vee \overline{x}_2)] \vee \overline{x}_3$$
$$= [\quad x_1 \quad \& (\overline{x}_1 \vee \overline{x}_2)] \vee \overline{x}_3$$
$$= (x_1 \& \overline{x}_2) \vee \overline{x}_3$$

8.2. Papiertransport

Eine sorgfältige Kontrolle des Papiervorschubs ist bei allen Geräten mit hoher Transportgeschwindigkeit des Papiers erforderlich. Dies gilt z. B. für Schnelldrucker von Datenverarbeitungsanlagen oder für Maschinen der Papiererzeugung. Im Bild wird eine schematische Anordnung der Transportvorrichtung und des Steuerungsmechanismus' angegeben.

Ein Walzenpaar (1) wird von einem Motor M angetrieben und befördert den Papierstreifen (2). Dieser Papierstreifen bildet eine Lichtschranke für das von Lampe (3) ausgehende Licht. Bei gerissenem Streifen dagegen empfängt der Photo-Empfänger (4) das Licht und gibt einen Spannungsimpuls weiter. Dieser Spannungsimpuls signalisiert also eine Störung durch beschädigten Papierstreifen. Die Lampe (3) kann in ihrer Helligkeit variieren oder gar total ausfallen. Ein zweiter photoelektrischer Empfänger (5) überwacht deshalb laufend die Helligkeit der Glühlampe (3). Die reguläre Einstellung ist erreicht, solange die Helligkeit größer als ein vorgegebener Wert a ist. Sinkt die Helligkeit der Lampe unter diesen Wert a, bleibt aber noch über dem Mindestwert b, so soll auf die zurückgehende Leuchtkraft der Glühlampe hingewiesen werden. Dies geschieht durch Einschalten einer Warnlampe (6). Die Transportvorrichtung arbeitet jedoch weiter. Sinkt die Helligkeit der Lampe (3) unter den Wert b, so ist die zuverlässige Kontrollarbeit der Photozelle (4) jedoch nicht mehr sichergestellt. Der Motor M der Transporteinrichtung muß abgeschaltet werden.

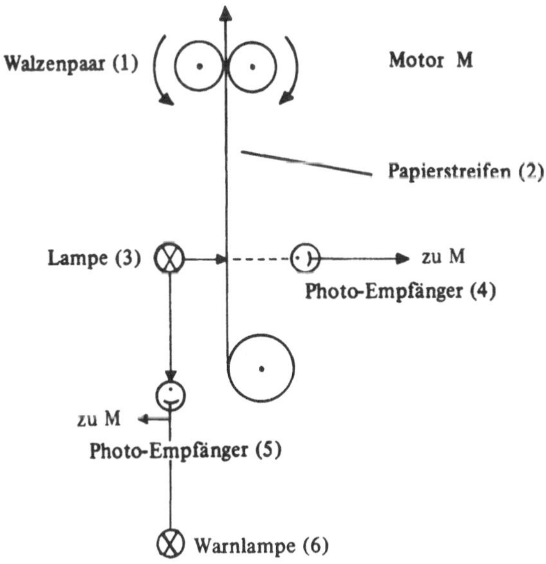

Zur Schaltalgebraischen Modelldarstellung seien folgende boole'schen Größen vereinbart:

$x_1 = L$	bedeutet:	Helligkeit größer als a
$x_1 = O$	bedeutet:	Helligkeit kleiner als a
$x_2 = L$	bedeutet:	Helligkeit größer als b
$x_2 = O$	bedeutet:	Helligkeit kleiner als b
$x_3 = L$	bedeutet:	Papier gerissen; damit fällt Licht auf den Empfänger (4)
$x_3 = O$	bedeutet:	Papier nicht gerissen; damit fällt kein Licht auf den Empfänger (4)
$y_1 = L$	bedeutet:	Motor M ist eingeschaltet
$y_1 = O$	bedeutet:	Motor M ist ausgeschaltet
$y_2 = L$	bedeutet:	Warnlampe brennt
$y_2 = O$	bedeutet:	Warnlampe brennt nicht

Antwort 43

Die Flächen 2, 3, 5, 7 sind zu schraffieren

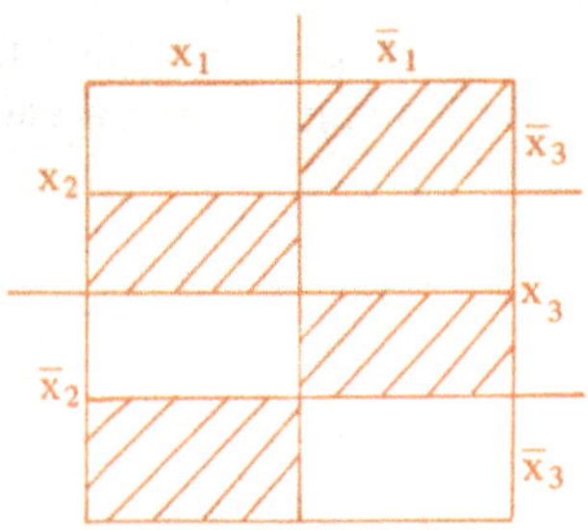

Antwort 44

$$y = (\overline{x}_1 \,\&\, \overline{x}_2 \,\&\, x_3) \vee (\overline{x}_1 \,\&\, x_2 \,\&\, \overline{x}_3) \vee (x_1 \,\&\, \overline{x}_2 \,\&\, \overline{x}_3) \vee (x_1 \,\&\, x_2 \,\&\, x_3)$$
$$= [\overline{x}_1 \,\&\, [(\overline{x}_2 \,\&\, x_3) \vee (x_2 \,\&\, \overline{x}_3)]] \vee [x_1 \,\&\, [(\overline{x}_2 \,\&\, \overline{x}_3) \vee (x_2 \,\&\, x_3)]]$$
$$= [\overline{x}_1 \,\&\, \text{Antivalenz}\,(x_2, x_3)] \vee [x_1 \,\&\, \text{Äquivalenz}\,(x_2, x_3)]$$

Abkürzung: $z = \text{Antivalenz}\;(x_2, x_3)$

dann ist: $\overline{z} = \text{Äquivalenz}\;(x_2, x_3)$

daraus folgt: $y = (\overline{x}_1 \,\&\, z) \vee (x_1 \,\&\, \overline{z})$

$= \text{Antivalenz}\;(\overline{x}_1, z)$

$= \text{Antivalenz}\;(\overline{x}_1, \text{Antivalenz}\,(x_2, x_3))$

Die Aufgabenstellung gab zwei Fragen vor:

a) wann darf der Motor M laufen und wann nicht?
b) wann muß die Warnlampe (6) aufleuchten?

In der schaltalgebraischen Darstellung und Lösung bedeutet dies:

a) eine Wertetafel für y_1, d. h. für den Zustand des Motors
b) eine Wertetafel für y_2, d. h. für den Zustand der Warnlampe

Drei Eingangsvariable x_1, x_2 und x_3 bestimmen die gemeinsamen Eingangsspalten der Wertetafel y_1 und y_2.

x_1	x_2	x_3	y_1	y_2
O	O	O	O	.
O	O	L	O	.
O	L	O	L	.
O	L	L	O	.
L	O	O	O	.
L	O	L	O	.
L	L	O	L	.
L	L	L	O	.

Die Werte für y_1 sind aufgrund der Bedingungen, die von der Aufgabenstellung vorgegeben wurden, schon eingetragen.

Aufgabe 45

Tragen Sie entsprechend die Werte für die zweite Funktion in die y_2-Spalte ein.

Die Schaltfunktion y_1 soll aus der Wertetafel als DN aufgebaut werden, da die Zahl der L kleiner ist als die Zahl der O. Die DN für y_1 besteht aus zwei Mintermen:

$$y_1 = (\overline{x}_1 \,\&\, x_2 \,\&\, \overline{x}_3) \vee (x_1 \,\&\, x_2 \,\&\, \overline{x}_3)$$

Die beiden Minterme sind komplement in bezug auf die Variable x_1 und lassen sich dementsprechend zusammenziehen zu:

$$y_1 = x_2 \,\&\, \overline{x}_3$$

Die Ergebnisfunktion y_1 entsteht als Inhibition der Variable x_2 und x_3. Dieses Ergebnis besagt: der Motor bleibt eingeschaltet ($y_1 = L$), solange

a) die Helligkeit der Glühlampe den Minimalwert b überschreitet ($x_2 = L$) und
b) zugleich das Papier unbeschädigt ist ($x_3 = O$ bzw. $\overline{x}_3 = L$)

Der Motorzustand erweist sich als unabhängig von der Eingangsvariablen x_1.

Aufgabe 46

Bauen Sie, ausgehend von der Wertetafel für y_2, die Schaltfunktion y_2 auf und vereinfachen sie, soweit dies möglich ist.

Die Eingangsvariablen x_1 und x_2 werden durch den elektronischen Ausgang des Photo-Empfängers (5) bestimmt. Die Photozelle (4) dagegen legt den Wert der Variablen x_3 fest. Die Ergebnisvariable y_1 wirkt in ihrer elektrischen Realisation auf den Motorschalter. Die Warnlampe wird über die Ergebnisvariable y_2 eingeschaltet (vgl. Antwort 46). Die Symboldarstellung skizziert den Schaltungsaufbau:

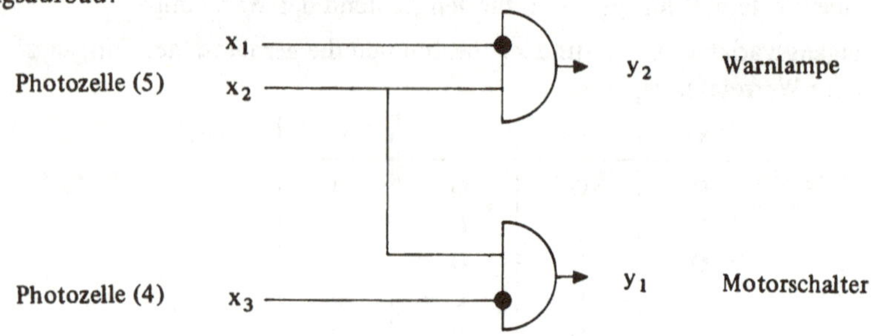

Aufgabe 47

Ein Antriebsaggregat werde durch 4 Kleingeneratoren versorgt. Die Funktionsfähigkeit der Generatoren werde durch je ein Relais überwacht. Der Arbeitskontakt des Relais schließt, sobald der zugehörige Generator ausfällt. An die elektrische Überwachung werden zwei Bedingungen gestellt:

1. eine Warnlampe leuchte auf, wenn ein oder zwei Generatoren ausfallen.
2. eine akustische Störungsmeldung erfolge, wenn zwei oder alle drei Generatoren ausfallen.

Lösen Sie folgende Aufgabe:

a) schaltalgebraisches Modell aufbauen,
b) die Schaltfunktionen für die optische und akustische Überwachungseinrichtung erstellen,
c) welche Aussagen findet man durch die kombinierte Auswertung des optischen und des akustischen Signals?

Antwort 45 ab Zeile 1: y_2: O, O, L, L, O, O, O, O

Antwort 46

DN: $y_2 = (\overline{x}_1 \,\&\, x_2 \,\&\, \overline{x}_3) \vee (\overline{x}_1 \,\&\, x_2 \,\&\, x_3)$
$\quad = \overline{x}_1 \,\&\, x_2$ (Inhibition bzgl. x_2)

8.3. Erkennen von Pseudotetraden

In Datenverarbeitungsanlagen werden Dezimalzahlen häufig in einer sog. Tetradenform binär dargestellt. Eine Tetrade besteht aus 4 zweiwertigen (binären) Positionen.

Jeder Stelle der Dezimalzahl wird eine Tetrade zugeordnet. Jede Stelle einer Dezimalzahl kann aber eine der zehn Dezimalziffern 0, 1, . . ., 8, 9 annehmen. Demnach sind 10 unterschiedliche Tetraden erforderlich. Mit 4 Binärpositionen lassen sich aber $2^4 = 16$ O, L-Kombinationen bilden. 6 Kombinationen werden also nicht benötigt – man nennt sie *Pseudotetraden.* Tetradencodes unterscheiden sich darin, welche Kombinationen sie als Pseudotetraden definieren.

Der sog. BCD-Code (dual verschlüsselte Dezimalziffern) wählt folgende Zuordnung:

Bedeutung		x_3	x_2	x_1	x_0	p
Dezimalziffern	0	O	O	O	O	O
	1	O	O	O	L	O
	2	O	O	L	O	O
	3	O	O	L	L	O
	4	O	L	O	O	O
	5	O	L	O	L	O
	6	O	L	L	O	O
	7	O	L	L	L	O
	8	L	O	O	O	O
	9	L	O	O	L	O
Pseudotetraden		L	O	L	O	L
		L	O	L	L	L
		L	L	O	O	L
		L	L	O	L	L
		L	L	L	O	L
		L	L	L	L	L

Die Boole'sche Größe p kennzeichne mit ihrem Wert $p = L$ die Pseudotetraden. Sie muß elektronisch gebildet werden, um feststellen zu können, ob das Ergebnis einer elektronisch durchgeführten Rechenoperation eine Pseudotetrade ist oder nicht. Abhängig von dieser Aussage müssen gegebenenfalls Korrekturen vorgenommen werden.

Die oben angegebene Tabelle kann als Wertetafel der 4 Eingangsvariablen x_0, x_1, x_2, x_3 und der Ausgangsvariablen p gedeutet werden. Da die p-Spalte mehr O als L enthält, wird die DN zur Ermittlung der Schaltfunktion gewählt:

$$p = (x_3 \& \overline{x}_2 \& x_1 \& \overline{x}_0) \vee (x_3 \& \overline{x}_2 \& x_1 \& x_0) \vee (x_3 \& x_2 \& \overline{x}_1 \& \overline{x}_0) \vee (x_3 \& x_2 \& \overline{x}_1 \& x_0) \vee (x_3 \& x_2 \& x_1 \& \overline{x}_0) \vee (x_3 \& x_2 \& x_1 \& x_0)$$

Die Minterme 1 und 2, 3 und 4, 5 und 6 sind paarweise komplementär bzgl. x_0, sie können also paarweise unter Weglassung von x_0 bzw. $\overline{x}_0$ zusammengezogen werden:

$$p = (x_3 \& \overline{x}_2 \& x_1) \vee (x_3 \& x_2 \& \overline{x}_1) \vee (x_3 \& x_2 \& x_1)$$

Die so entstandenen Terme 2 und 3 sind komplementär bzgl. x_1. Sie können zusammengezogen werden. Damit gilt:

$$p = (x_3 \& \overline{x}_2 \& x_1) \vee (x_3 \& x_2)$$

Antwort 47

a) schaltalgebraisches Modell

1. Vereinbarungen

Generator i funktionsfähig: $x_i = O$
Generator i nicht funktionsfähig: $x_i = L$
(Arbeitskontakt des Relais i schließt)
akustische Störmeldung: $y_1 = L$
Warnlampe leuchtet: $y_2 = L$

2. Wertetafel

x_1	x_2	x_3	y_1	y_2
O	O	O	O	O
O	O	L	O	L
O	L	O	O	L
O	L	L	L	L
L	O	O	O	L
L	O	L	L	L
L	L	O	L	L
L	L	L	L	O

b) Schaltfunktionen

1. KN: $\overline{y}_2 = (\overline{x}_1 \& \overline{x}_2 \& \overline{x}_3) \vee (x_1 \& x_2 \& x_3)$

$y_2 = (x_1 \vee x_2 \vee x_3) \& (\overline{x}_1 \vee \overline{x}_2 \vee \overline{x}_3)$

2. Aus dem Karnaugh-Diagramm entnimmt man:

$$y_1 = (x_1 \& x_2) \vee (x_2 \& x_3) \vee (x_3 \& x_1)$$

c)

y_1	y_2	
O	O	alle 3 Generatoren arbeiten
O	L	nur 1 Generator ist ausgefallen
L	O	3 Generatoren sind ausgefallen
L	L	2 Generatoren sind ausgefallen

oder umgeformt:

$$p = x_3 \,\&\, (x_2 \vee x_1)$$

Das Ergebnis besagt, daß die Aussage, ob eine zu untersuchende Tetrade mit ihren vier binären Positionswerten x_0, x_1, x_2, x_3 eine Pseudotetrade ist oder nicht, von der Position x_0 nicht abhängt. Werden die Positionswerte als Eingänge benützt, so zeigt folgende Schaltung das Auftreten einer Pseudotetrade an:

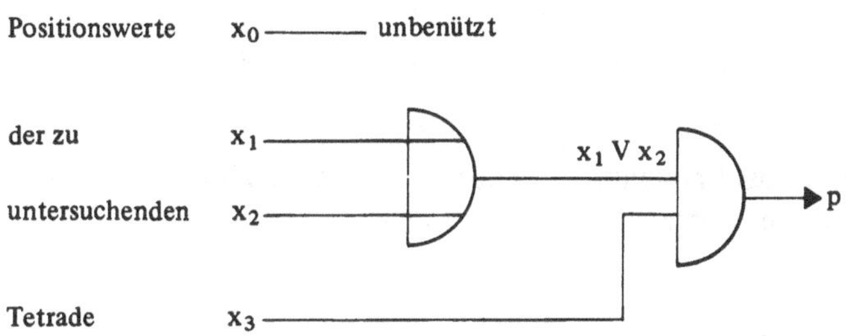

Das Ergebnis: $p = x_3 \,\&\, (x_2 \vee x_1)$
kann unmittelbar auch aus dem Karnaugh-Diagramm abgelesen werden. Die Zeilen 11 bis 16 der Wertetafel enthalten den Wert $p = L$. Die zugehörige Fläche des Diagramms ist zu schraffieren.

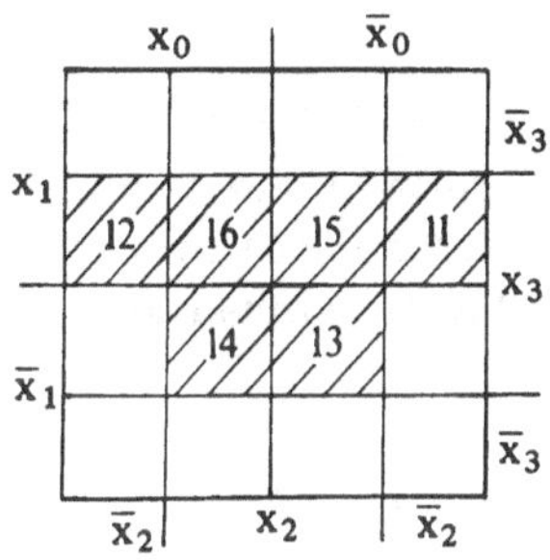

Die Fläche, bestehend aus den Teilflächen 16, 15, 14, 13 wird beschrieben durch:

$$x_3 \,\&\, x_2$$

Die Fläche bestehend aus den Teilflächen 12, 16, 15, 11 ergibt:

$$x_3 \,\&\, x_1$$

Für beide Flächen ist $p = L$, d. h.:

$$\begin{aligned} p &= (x_3 \,\&\, x_2) \vee (x_3 \,\&\, x_1) \\ &= x_3 \,\&\, (x_2 \vee x_1) \end{aligned}$$

Diese vereinfachte Form der p-Funktion hatte sich oben auch rechnerisch ergeben.

Aufgabe 48

Der Gray-Code definiert folgende Kombinationen als Pseudotetraden:

Wertetafel	x_3	x_2	x_1	x_0
9. Zeile	L	O	O	O
10. Zeile	L	O	O	L
11. Zeile	L	O	L	O
12. Zeile	L	O	L	L
15. Zeile	L	L	L	O
16. Zeile	L	L	L	L

Bestimmen Sie die Erkennungsfunktion p für die Pseudotetraden in Abhängigkeit von den Eingangsvariablen x_0, x_1, x_2, x_3.

8.4. Dualaddierer

Mit Hilfe der Schaltalgebra kann

1. der logische Ablauf beim Addieren von zwei Dualzahlen eindeutig beschrieben werden und
2. durch Symboldarstellung die erforderliche technische Schaltung des Addierwerks skizziert werden.

Eine Dualzahl ist dadurch gekennzeichnet, daß

1. jede Dualstelle nur eine der beiden Ziffern O und L annehmen kann und
2. die Wertigkeit der Stellen von rechts nach links um den Faktor 2 zunimmt – im Gegensatz zum Faktor 10 beim Dezimalsystem.

Beispiel:

Wertigkeit	16	8	4	2	1
Dualzahl	L	L	O	O	L
zugehörige Dezimalzahl:	16 +	8			+ 1 = 25

Aufgabe 49

Wie lautet die Dezimalzahl 23 als Dualzahl geschrieben?

Die Addition zweier Dualzahlen erfolgt stellenweise – ähnlich der Addition zweier Dezimalzahlen.

Jede Stelle enthält eine Dual-Ziffer (O oder L). Demnach ist die Addition zweier Dual-Zahlen auf die Addition zweier Dualziffern zurückführbar. Es genügt also, vorerst für diesen Zweck ein Addierwerk zu entwickeln – man nennt ein solches einen *Halbaddierer.*

8.4.1. Halbaddierer

Zum besseren Verständnis sei das Auftreten einer Summe s und eines Übertrags ü beim stellenweisen Addieren im Dezimalsystem vorgeführt. Die Summe s kann eine der Ziffern 0 bis 9 annehmen, der Übertrag den Wert 0 oder 1.

Beispiel:

	2	7
	+ 6	+ 6
	= 0 8	= 1 3
es ist also:	s = 8	= 3
	ü = 0	= 1

Beim Dezimal-System tritt ein Übertrag auf, wenn die Summe s größer als 9 (= 10 - 1) wird.

Die Addition zweier Dualstellen führt schon dann zu einem Übertrag ü, wenn die Summe s größer als 1 (= 2 - 1) wird. Da jede der beiden Stellen (x_1 und x_2) nur einen der Werte O oder L annehmen kann, ergeben sich insgesamt nur 4 mögliche Fälle:

O	O	L	L	$= x_1$
+ O	+ L	+ O	+ L	$= x_2$
= O O	= O L	= O L	= L O	

es ist also:

s = O	s = L	s = L	s = O
ü = O	ü = O	ü = O	ü = L

Eine Wertetafel kann diese Beziehungen übersichtlicher festhalten.

Als Eingangsvariable werden die zu addierenden Dualstellen x_1 und x_2 benützt. Die Summe s und der Übertrag ü legen als Ausgangsvariable jeweils eine Funktion fest.

x_1	x_2	s	ü
O	O	O	O
O	L	L	O
L	O	L	O
L	L	O	L

Die DN für die Summe s lautet: $s = (\overline{x}_1 \& x_2) \vee (x_1 \& \overline{x}_2)$

Die DN für den Übertrag ü folgt zu: $ü = x_1 \& x_2$

Damit kann die Symboldarstellung des Halbaddierers angegeben werden.

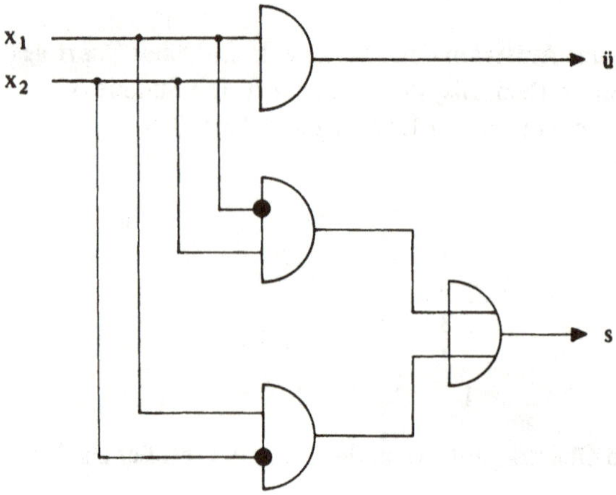

Symboldarstellung der Summen- und Übertragungsfunktion

Die Funktion: $s = (\overline{x}_1 \& x_2) \vee (x_1 \& \overline{x}_2)$

kann durch Umformung in folgende Schreibweise gebracht werden:

$$s = \overline{ü} \& (x_1 \vee x_2)$$

Antwort 48

DN: $p = (x_3 \& \overline{x}_2 \& \overline{x}_1 \& \overline{x}_0) \vee (x_3 \vee \overline{x}_2 \& \overline{x}_1 \& x_0) \vee$
$(x_3 \& \overline{x}_2 \& x_1 \& \overline{x}_0) \vee (x_3 \& \overline{x}_2 \& x_1 \& x_0) \vee$
$(x_3 \& x_2 \& x_1 \& \overline{x}_0) \vee (x_3 \& x_2 \& x_1 \& x_0)$
$= (x_3 \& \overline{x}_2 \& \overline{x}_1) \vee (x_3 \& \overline{x}_2 \& x_1) \vee (x_3 \& x_2 \& x_1)$
$= (x_3 \& \overline{x}_2 \& \overline{x}_1) \vee (x_3 \& x_1)$
$= x_3 \& [(\overline{x}_2 \& \overline{x}_1) \vee x_1]$
$= x_3 \& (\overline{x}_2 \vee x_1)$

Diese vereinfachte Form kann auch unmittelbar dem Karnaugh-Diagramm entnommen werden.

Antwort 49

dezimal:	dual:
23 = 16 + 4 + 2 + 1	L O L L L

Aufgabe 50

Beweisen Sie diese Behauptung, indem Sie die erforderlichen Umformungen aufzeigen.

Diese umgewandelte Form für s führt zu einer technisch weniger aufwendigen Symboldarstellung für den Dual-Halbaddierer:

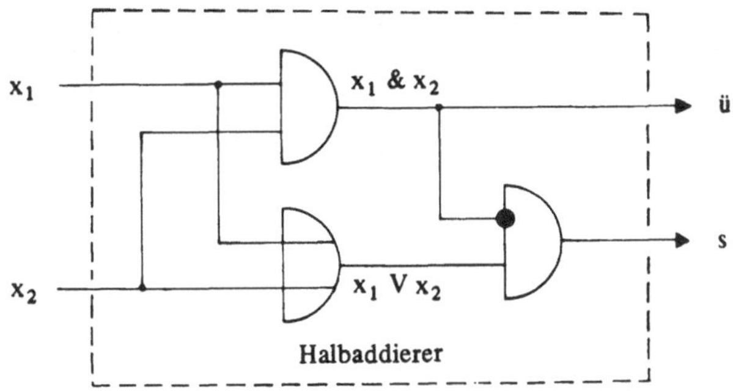

Dieser Halbaddierer dient als Grundbaugruppe für ein duales Addierwerk.

8.4.2. Volladdierer

Wie schon angedeutet, wird die Addition einer mehrstelligen Dualzahl auf stellenweise Addition mit einer nachfolgenden Berücksichtigung eines von der vorausgehenden Stelle ggf. gelieferten Übertrags zurückgeführt. An einem Beispiel sei dies verdeutlicht:

			L	L	L	7
		+	L	L	O	+ 6
Zwischenergebnis			O	O	L	
	+ ü	+ L	L	O		
Endergebnis		= L	L	O	L	= 13

Die folgende Zeichnung zeigt, wie die beiden dreistelligen Dualzahlen x und z stellenweise über Halbaddierer (HA) addiert werden. Die Dualzahl y kann als Ergebnis ggf. vierstellig werden.

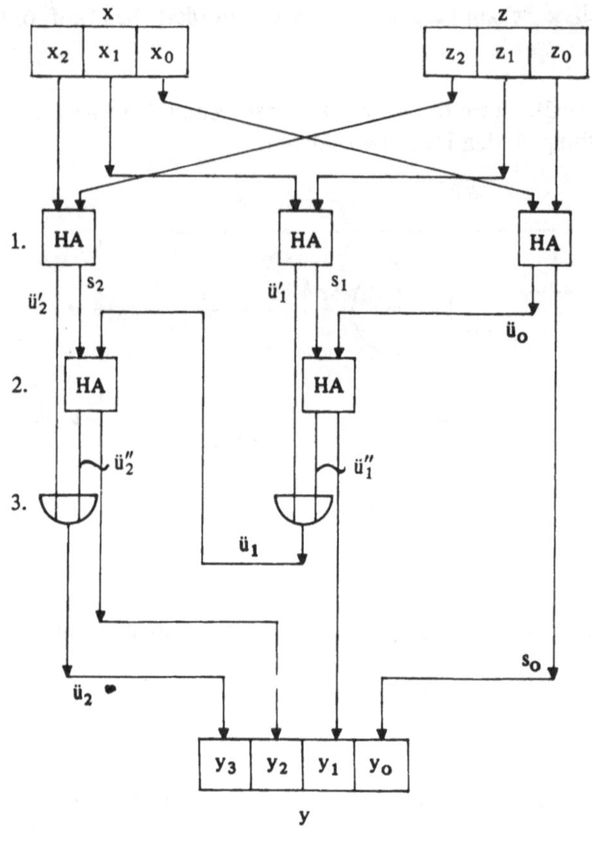

Drei Schritte sind für jede Dualstellenaddition zu unterscheiden:

1. Über einen Halbaddierer wird die provisorische Summe s_i und ein Übertrag $ü'_i$ für die folgende Stelle errechnet.
2. s_i wird über einen zweiten Halbaddierer mit dem Übertrag der vorausgehenden Stelle $ü_{i-1}$ gekoppelt. Das Ergebnis liefert den endgültigen Summenwert y_i der Position i. Ggf. tritt auch hier ein Übertrag $ü''_i$ auf.
3. Entweder $ü'_i$ oder $ü''_i$ kann L werden. Eine OR-Schaltung kann beide verknüpfen und den tatsächlichen Übertrag $ü_i$ für die folgende Position $i + 1$ erzeugen.

Die beiden Halbaddierer aus 1. und 2. zusammen mit der OR-Schaltung werden als Volladdierer bezeichnet.

Aufgabe 51

Wieviele Halbaddierer werden zur Addition von zwei 40stelligen Dualzahlen benötigt?

Antwort 50

$$
\begin{aligned}
s = \text{Antivalenz} \quad &= (\overline{x}_1 \,\&\, x_2) \vee (x_1 \,\&\, \overline{x}_2) \\
= \text{neg. Äquivalenz} \quad &= \overline{(x_1 \,\&\, x_2) \vee (\overline{x}_1 \,\&\, \overline{x}_2)} \\
&= \overline{(x_1 \,\&\, x_2)} \,\&\, (x_1 \vee x_2) \\
&= \quad \overline{ü} \quad \&\, (x_1 \vee x_2)
\end{aligned}
$$

Antwort 51

Für die letzte Stelle:		1 HA
Für die übrigen 39 Stellen:	2 · 39 =	78 HA
zusammen:		79 HA

II. Digitale Grundschaltungen

1. Schaltungstechniken

1.1. Die Digital-Technik

Die konventionelle Schaltungstechnik benutzt analoge Signale. Ein analoges Signal verläuft zeitlich kontinuierlich und kann innerhalb eines vorgegebenen Wertebereiches jeden beliebigen Zwischenwert einnehmen.

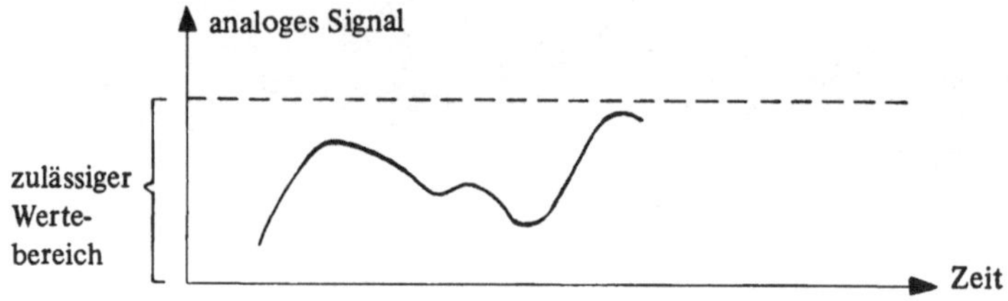

In der analogen Schaltungstechnik werden kontinuierliche Spannungs- oder Stromsignale eingesetzt. Ein elektronischer Verstärker arbeitet beispielsweise mit analogen Eingangs- und Ausgangssignalen.

In der modernen Rechen-, Meß- und Regeltechnik setzen sich in immer stärkerem Maße digitale Schaltungen durch. Diese arbeiten mit Spannungssignalen (Stormsignalen), die – im Gegensatz zu Analogsignalen – nur einen von zwei genau definierten Werten annehmen können. Zwischenwerte sind nicht definiert. Da nur zwei Signalwerte zulässig sind, spricht man auch von binären (zweiwertigen) Signalen.

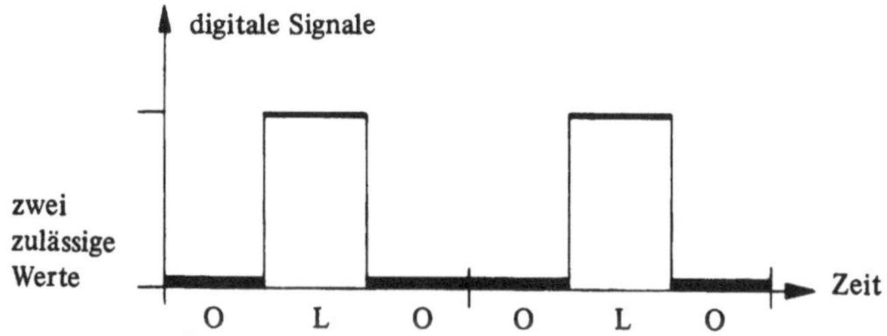

Digitale Signale werden auch als Impulse bezeichnet. Diese Impulse werden z. B. in der digitalen Rechentechnik dazu eingesetzt, um Rechengrößen (Zahlenwerte) in verschlüsselter Form elektronisch wiederzugeben. Dabei können verschiedene Verschlüsselungsvorschriften (Codes) angewandt werden. Auf S. 74 wurde vorgeführt, wie jede Dezimalzahl in eine Dualzahl umgewandelt werden kann, wobei jede Stelle der Dualzahl binären Charakter hat – nämlich nur einen der Werte O oder L annehmen kann. Jede Dualstelle kann somit durch ein digitales Spannungssignal elektronisch nachgebildet werden.

Die Verwendung von binären Signalen gestattet jedoch auch die Beibehaltung der Struktur des dezimalen Zahlensystems. Dabei wird jeder Ziffer einer Dezimalzahl eine Kombination von 4 Binärsignalen (Tetrade) zugeordnet. Für diese digitale Verschlüsselungsart (Tetradenverschlüsselung) wurden in Kap. I, 8.3 zwei Möglichkeiten vorgestellt – nämlich der BCD-Code und der Gray-Code. Weitere bekannte Tetradencodes sind der Aiken- und der 3-Excess-Code. Sie wählen folgende Zuordnung zwischen den Tetraden-Kombinationen und den Dezimalziffern:

zugeordnete Dezimalziffern im:

Tetraden	Aiken-Code	3-Excess-Code
O O O O	0	P
O O O L	1	P
O O L O	2	P
O O L L	3	0
O L O O	4	1
O L O L	P	2
O L L O	P	3
O L L L	P	4
L O O O	P	5
L O O L	P	6
L O L O	P	7
L O L L	5	8
L L O O	6	9
L L O L	7	P
L L L O	8	P
L L L L	9	P

P = Pseudotetraden (unbenützt)

Aufgabe 1

Worin unterscheidet sich die digitale Schaltungstechnik von der analogen?

a) die analoge Schaltungstechnik arbeitet mit zweiwertigen (binären) Signalen, die digitale Schaltungstechnik dagegen mit kontinuierlichen.

b) die analoge Schaltungstechnik arbeitet mit kontinuierlichen Signalen, die digitale Schaltungstechnik dagegen mit zweiwertigen (binären).

c) die analoge Schaltungstechnik arbeitet mit Stromsignalen, die digitale dagegen mit Spannungssignalen.

Der größte Teil der in der digitalen Schaltungstechnik vorkommenden Schaltungen läßt sich in zwei Gruppen einteilen – in die der Verknüpfungsschaltungen und in die der Speicherschaltungen.

Speicherschaltungen sind durch die Fähigkeit gekennzeichnet, zwei stabile Zustände anzunehmen und über die Zeit beizubehalten. Ein stabiler Zustand wird mit O und der andere mit L bezeichnet. Ein äußeres Signal kann die Schaltung veranlassen, ihren Zustand zu ändern. War der Zustand der Schaltung vor dem Eintreffen des Signals O, so wird durch das Signal der Zustand L veranlaßt und auch beibehalten, wenn das Signal nicht mehr vorhanden ist. Durch ein weiteres Signal kann die Schaltung wieder in ihren Ausgangszustand zurückgeführt werden. Digitale Speicherschaltungen dienen dazu, die Binärwerte (O, L) logischer Variabler aufzubewahren und auf Abfrage hin abzugeben. Derartige Speicher-Grundschaltungen werden in Kap. 4 behandelt.

Die andere Gruppe der digitalen Schaltungen, die *Verknüpfungsschaltungen,* ermöglichen die elektronische Realisierung von Schaltfunktionen, wie sie in der Schaltalgebra entwickelt wurden. Jede Schaltfunktion setzt sich aus mehreren logischen Grundfunktionen (z. B. AND, OR) zusammen. In gleicher Weise entsteht eine Verknüpfungsschaltung durch geeignete Kopplung von mehreren digitalen Grundschaltungen. Dabei stellt jede digitale Grundschaltung die schaltungsmäßige Ausführung einer logischen Grundfunktion dar. Da es nur eine begrenzte Anzahl von logischen Grundfunktionen gibt, benötigt man zum Aufbau auch komplizierter Verknüpfungsschaltungen nur eine begrenzte Typenzahl von digitalen Grundschaltungen (z. B. NAND, NOR).

Aufgabe 2

Aus welchen digitalen Grundschaltungen lassen sich alle Verknüpfungsschaltungen zusammenstellen?

Die digitalen Speicherschaltungen bzw. Verknüpfungsschaltungen unterscheiden sich in der Art der Bauelemente und der Ausführung der elektrischen Verbindungen. Beschränkt man sich bei der Verwendung diskreter Bauelemente auf Widerstände, Kondensatoren und Halbleiter (Dioden, Transistoren), so kann man die heute gebräuchlichen Schaltungstechniken vereinfacht unter dem Oberbegriff ‚Halbleiter-Techniken' zusammenfassen.

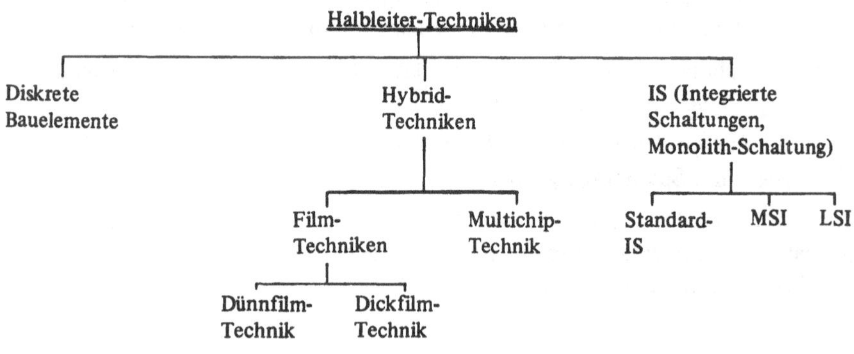

1.2. Schaltungen mit diskreten Bauelementen

Die digitalen Grundschaltungen, die logische Grundfunktionen wiedergeben, werden i. a. aus folgenden Bauelementen aufgebaut:

Widerstände	(Kurzzeichen: R)
Kondensatoren	(" : C)
Dioden	(" : D)
Transistoren	(" : T)

Widerstände, Kondensatoren, und Dioden werden unter dem Oberbegriff ‚passive Bauelemente' zusammengefaßt. Ein passives Bauelement besitzt keine Verstärkereigenschaften, d. h. mit ihm läßt sich keine Verstärkung von (elektrischen) Signalen vornehmen. Beispiele hierfür sind: Widerstand und Diode.

Ein Transistor dagegen ist ein aktives Bauelement, da er ein Eingangssignal verstärkt am Ausgang abzugeben vermag.

Bei umfangreicheren digitalen Schaltungen machen die nicht zu vermeidenden Verluste in den passiven Bauelementen die Einbeziehung auch aktiver Bauelemente erforderlich.

Bei der heute noch stark verbreiteten, schon klassisch zu nennenden Schaltungstechnik der steckbaren Flachbaugruppen, werden noch diskrete, einzeln gefertigte Bauelemente verwendet. Auf Isolierplatten von Postkartenformat werden bis zu 30 Bauelemente (Transistoren, Widerstände, Kondensatoren, Dioden) aufgesteckt und miteinander verlötet. Sind die elektrischen Verbindungsbahnen schon auf entsprechend geätzte Kupferfolien auf der Platte vorgefertigt, so spricht man von ‚gedruckten Schaltungen'.

Antwort 1

b) die digitale Schaltungstechnik arbeitet mit zweiwertigen (binären) Strom- oder Spannungssignalen.

Antwort 2

a) Negations-, AND-, OR-Grundschaltung
oder b) NAND-, NOR-Grundschaltung
oder c) Inhibitions-Schaltung

Aufgabe 3

Was versteht man unter Halbleitern?

a) passives Bauelement
b) Isolatoren
c) Dioden und Transistoren
d) aktive Bauelemente

1.3. Integrierte Schaltungen

Integrierte Schaltungen werden heute überwiegend in Datenverarbeitungsanlagen, Meß- und Regelungsgeräten, aber auch in der ‚Konsumelektronik' (Tonband, Rundfunk- und Fernsehgeräte), eingesetzt. Die integrierte Schaltungstechnik unterscheidet sich von der Schaltungstechnik mit diskreten Bauelementen:

a) durch die Art der Fertigung der Bauelemente
b) durch deren elektrischen Verbindungsaufbau

Auf einem Silizium-Halbeleiterkristall von nur $1 mm^2$ Größe – einem sog. Monolithen – werden alle Bauelemente und ihre Verbindungsbahnen ohne Lötvorgänge aufgebracht. Ein derartiger Monolith, auch Modul genannt, nimmt eine standardisierte Baugruppe auf, die bisher nur auf einer Platte von Postkartenformat unterzubringen war.

Diese Herstellungsart von Baugruppen in kompakter Form erklärt den Ausdruck ‚integrierte Schaltung' (Abkürzung IS). Die Verwendung von ‚Monolithen' führte auch zu der Bezeichnung ‚Monolith-Schaltungen'.

Ausgangspunkt der Fertigung bildet eine Halbleiterscheibe hoher Reinheit, aus der mehrere Hundert derartige, gleichgebaute Monolithe hergestellt werden sollen. Erst nach Durchlaufen sämtlicher Fertigungsprozesse wird die Scheibe in die einzelnen Monolithe zerschnitten. Dazu wird meist ein Laser-Gerät eingesetzt. Trotz weitaus komplizierterer Fertigungsmethoden und hoher Ausfallquote bei der Qualitätskontrolle werden dadurch die Einzelkosten je Baugruppe niedriger als bei der Verwendung diskreter Bauelemente.

Im ersten Fertigungsschritt wird die Halbleiterscheibe mit einer Oxydschicht überzogen. Mit Hilfe von ‚Masken', die fotoelektrisch mit hoher Präzision hergestellt wurden, wird diese Oxydschicht an ganz bestimmten Zonen wieder weggeätzt. Durch genau dotiertes Eindiffundieren von Zusatzstoffen werden dort wahlweise Transistor-, Widerstands- oder Kondensatoreigenschaften erzeugt. Die elektrischen Verbindungen entstehen durch Aufdampfen von Leiterbahnen.

Die Vorteile der intergrierten Schaltkreise sind:

a) sehr geringer Raumbedarf
b) kurze Schaltzeiten

c) geringe Herstellungskosten
d) hohe Zuverlässigkeit (homogenes Material, Wegfall interner, störungsanfälliger Lötstellen).

Standard-*IS-Bausteine* vereinigen ca. 4 logische Grundfunktionen in einem Gehäuse. Durch eine Steigerung des Integrationsgrades von 4 auf ca. 40 logische Grundfunktionen pro Gehäuse erreichte man die Stufe der Systembausteine. Ein derartiger Systembaustein ersetzt bis zu 10 einzelne IS-Gehäuse bzw. 200 diskrete Elemente.

Bei einer weiteren Steigerung des Integrationsfaktors auf 50 bis 150 logische Grundfunktionen pro Gehäuse spricht man von *MSI-Bausteinen* (Gehäuse mit ca. 50 Polen).

Die Abkürzung MIS steht für: Medium Scale Integration.

Steigert man den Integrationsfaktor noch weiter, so erhält man integrierte Großschaltungen. Diese werden als *LSI-Bausteine* bezeichnet, wobei folgende Bedeutung zugrunde liegt: Large Scale Integration. Bei ihnen ist in einem Siliziumkristall nicht nur ein Schaltkreis, sondern ein ganzes Schaltungssystem mit 1000 und mehr Bauelementen enthalten.

Die Silizium-Scheibe enthält viele durch Sperrschichten gegeneinander isolierte Zellen, in die jeweils einige oder mehrere Grundschaltungen eindiffundiert sind. Diese sog. monolithischen Halbleiterchips werden durch metallische Zwischenverbindungen in 3 Leiterebenen zu Schieberegisten, Codiereinheiten, Decodiereinheiten usw. zusammengeschaltet.

Die Leiterbahnebenen werden durch eine Siliziumoxydschicht voneinander getrennt und ermöglichen so die notwendigen Leiterkreuzungen.

1.4. Hybrid-Techniken

Hybrid-Techniken vereinigen die Vorteile der diskreten Bauelemente und der integrierten Technik. Dabei erfolgt die Integration aktiver und passiver Bauelemen-

---

Antwort 3

c)

falsch ist:

a), da das passive Bauelement ‚Kondensator' i. a. kein Halbleiter ist
b), da Isolatoren = Nichtleiter
d), da die Elektronenröhre z. B. zwar ein aktives Bauelement, aber kein Halbleiter ist.

te nicht mehr in einem gemeinsamen Siliziumkristall, sondern in einem gemeinsamen Gehäuse.

Bei der *Dünnfilm-Technik* werden auf einen Träger, der aus einem Keramik- oder Glassubstrat flächenhafter Form besteht, dünne Schichten (0,1 . . . 1 μm) von leitendem, nichtleitendem oder widerstandsbildendem Material aufgedampft. Durch Fotolithografie werden diese Schichten zu geeigneten Geometrien geätzt. In dieses integrierte, passive Netzwerk werden diskrete Halbleiterbauelemente eingefügt, wobei für die Aufnahme der Halbleiterkristalle metallische Inseln vorgesehen werden.

Die *Dickfilm-Technik* basiert auf einem sog. Siebdruckverfahren. Dickfilmwiderstände werden auf Keramiksubstraten durch Siebdruck und nachfolgendes Einbrennen (800°C) eines Gemisches aus Palladium und Silber gewonnen, während man für Kontakte und Leiterbahnen metallische Pasten verwendet. Die Filmdicken betragen etwa 5 bis 15 μm.

Die Halbleiterbauelemente werden in dieses passive Netzwerk durch ‚Direkt-Kontaktierung' eingefügt. Dazu besitzen die Halbleiterkristalle kugelförmige Lötkontakte, die etwa 15 μm über die Kristalloberfläche herausragen. Die Kristalle werden mit der Oberfläche, auf der sich diese Anschlüsse befinden, nach unten direkt in das Dickfilm-Netzwerk eingelötet.

Von *Multichip-Technik* spricht man, wenn statt eines Kristalls (chip) deren mehrere in ein Gehäuse einmontiert werden. Dabei kann ein chip ein einzelnes diskretes Bauelement oder selbst bereits eine monolithische Schaltung darstellen. Der Vorteil dieser Technik besteht in der Möglichkeit, Schaltungen zu realisieren, die sich im rein monolithischen Verfahren nicht herstellen lassen.

Aufgabe 4

In welchen der folgenden Schaltungen werden diskrete Bauelemente verwendet:

a) Dünnfilm-, Dickfilm-, MSI-Schaltung
b) Multichip-, MSI-, LSI-Schaltung
c) Dünnfilm-, Dickfilm-, Multichip-Schaltung

2. Dioden-Schaltungen

2.1. Die Diode

Die Diode ist ein passives Halbleiterbauelement. Bei ihrer Fertigung geht man von besonders reinen Germanium- oder Siliziumkristallen, sog. Einkristallen, aus. Reines Germanium und reines Silizium besitzen nur eine sehr geringe elektrische Leitfähigkeit (sog. Eigenleitfähigkeit), die weit geringer ist als die der Metalle. Durch genau dotierten Zusatz bestimmter chemischer Elemente (gezielte Vereinreinigung) kann die Leitfähigkeit der Kristalle beträchtlich verändert werden.

Zwei Arten von Dotierungselementen werden unterschieden, Donatoren und Akzeptoren. Donatoren, wie z. B. Arsen, bewirken durch Abgabe von Elektronen im Kristall einen Elektronenüberschuß. Man spricht dann von einer n-Zone des Kristalls (negativer Ladungsüberschuß). Der durch Zusatz von Donatoren geschaffene Leitungsmechanismus wird n-Leitung genannt. Die Beigabe von sog. Akzeptoren, die freie Elektronen binden, bewirkt dagegen Elektronenmangel im Kristall. Die so entstandene Zone nennt man p-Zone (positiver Ladungsüberschuß). Ihren Leitungsmechanismus bezeichnet man als p-Leitung. Als Akzeptor kann beispielsweise Indium benutzt werden. Die sehr genau zu bemessende Dotierung – ca 1 Fremdatom auf 10^5 Kristallatome – wird in Diffusionsprozessen vorgenommen.

Von großem Interesse für die Schaltungstechnik sind die Eigenschaften des Übergangsbereiches zweier aufeinanderfolgender Zonen gegensätzlicher Dotierung. Ein solcher Übergangsbereich hat nämlich die Eigenschaft, in der einen Richtung elektrisch zu ‚sperren' und in der anderen ‚durchlässig' zu sein. Der elektrische Widerstand eines pn-Überganges ist also in der einen Richtung sehr groß und in der anderen verschwindend klein. Diese Eigenschaft der richtungsabhängigen Leitfähigkeit verwendet man bei der Halbleiterdiode. Sie besteht aus einer p- und einer n-Zone.

Halbleiderdiode:

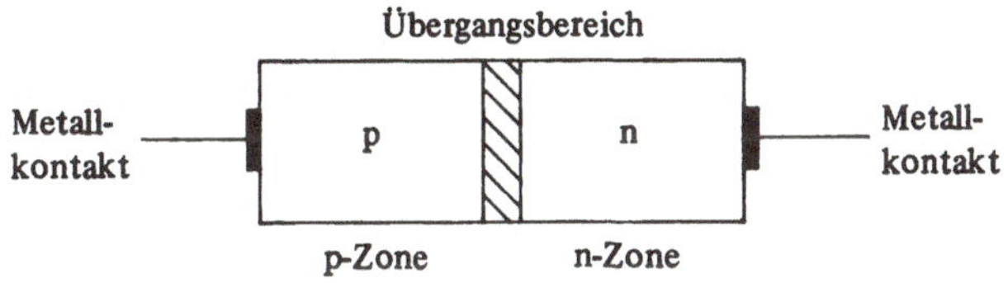

In Schaltbildern verwendet man einheitlich folgendes Symbol zur Kennzeichnung einer Diode:

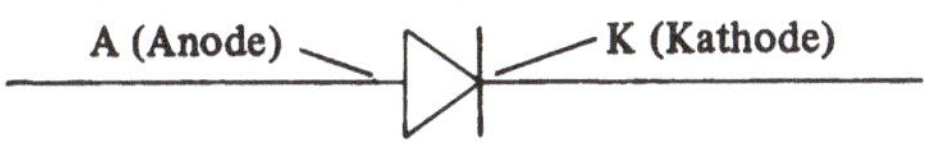

Antwort 4

c) da MSI- und LSI-Schaltungen rein integrierte Schaltungen sind.

Die Kontaktierung der p-Zone bezeichnet man als Anode, die der n-Zone als Kathode. Legt man zwischen Anode und Kathode die Spannung U_D, so fließt durch die Diode der Strom I_D. Der Zusammenhang zwischen den Größen I_D und U_D wird als Strom-Spannungs-Kennlinie bezeichnet.

Als Beispiel werde der Verlauf der Kennlinie für eine Silizium- und eine Germanium-Diode angeführt.

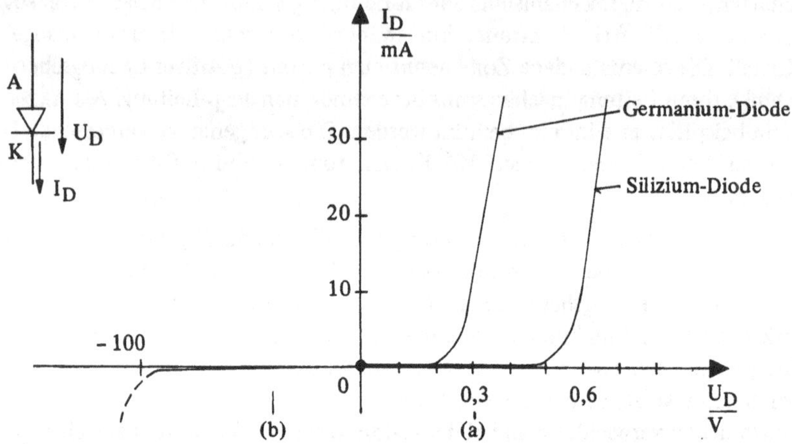

Die Diode wird in Durchlaßrichtung betrieben, wenn die angelegte Spannung U_D von der Anode zur Kathode positiv ist. Der Kennlinie entnimmt man, daß schon bei einer geringen positiven Spannung U_D ein großer Durchlaßstrom I_D durch die Diode fließt (vgl. (a)). Das Verhältnis U_D/I_D ist also rlativ klein. Die Diode besitzt damit – in Durchlaßrichtung betrieben – einen sehr kleinen elektrischen Widerstand, den sog. Durchlaßwiderstand.

Ist dagegen U_D negativ, so wird die Diode in Sperrichtung betrieben. Wie der Kennlinie zu entnehmen ist (vgl. (b)), fließt bei dieser Betriebsart nur ein sehr kleiner Strom von K nach A durch die Diode. Der Sperrwiderstand der Diode ist demnach sehr groß.

Die Diode kann somit als ein spannungsabhängiger Widerstand aufgefaßt werden. Wird eine positive Spannung in Durchlaßrichtung (von A nach K) bzw. in Sperrrichtung (von K nach A) an die Diode angelegt, so ist ihr Innenwiderstand klein bzw. sehr groß.

Die Diodeneigenschaften können wie folgt idealisiert werden:

a) der Durchlaßwiderstand ist O, d. h. die Diode ist bei positivem U_D ideal leitend

b) der Sperrwiderstand ist unendlich groß, d. h. die Diode verhält sich bei negativem U_D wie ein Isolator.

Damit kann die Diode als idealer Schalter aufgefaßt werden, wobei die Schalterstellung von der Polung der angelegten Spannung abhängt.

angelegte Spannung:

Diode:

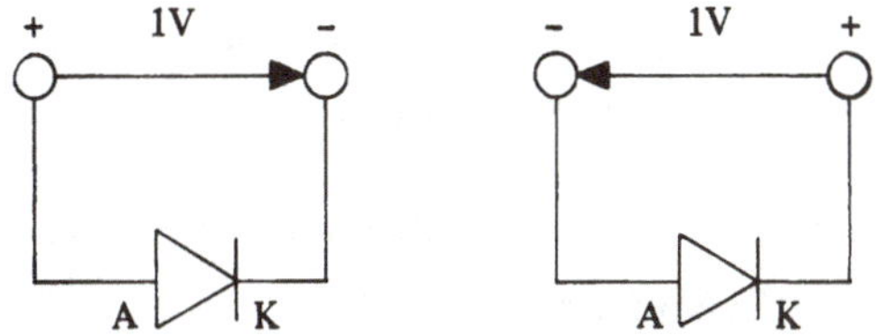

Schalterwirkung:

entspricht:

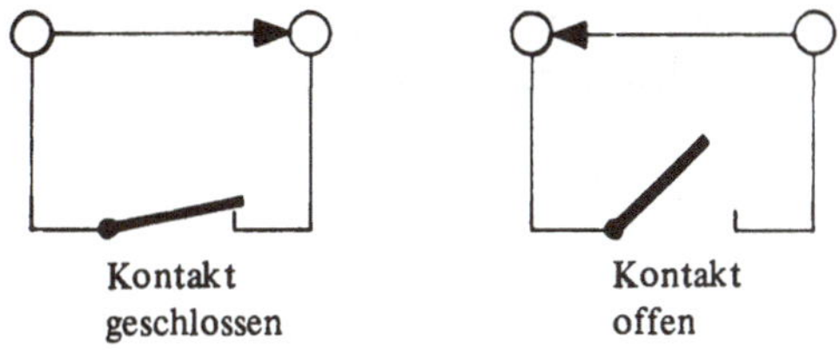

Aufgabe 5

Es sei folgende Schaltung vorgegeben:

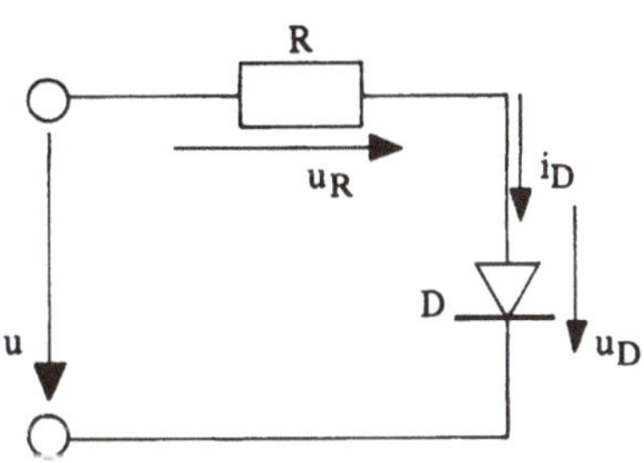

Der zeitliche Verlauf der an die Diode angelegten Spannung u habe folgendes Aussehen:

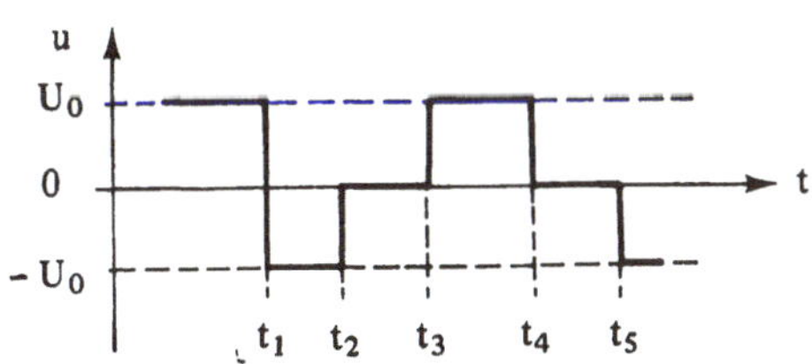

Zeichnen Sie den zeitlichen Verlauf

a) der Spannung u_D an der Diode
b) des Stromes i_D durch die Diode
c) der Spannung u_R am Vorwiderstand R,

wenn die Diode als *ideal* angenommen wird.

2.2. Die Grundschaltungen AND, OR

Mit drei Grundfunktionen Negation, Konjunktion (AND) und Disjunktion (OR) läßt sich jede beliebige Schaltfunktion binärer Variabler verwirklichen.

Eine Schaltfunktion erzeugt eindeutig aus den Binärwerte der Eingangsvariablen die Binärwerte der Ausgangsvariablen.

Antwort 5

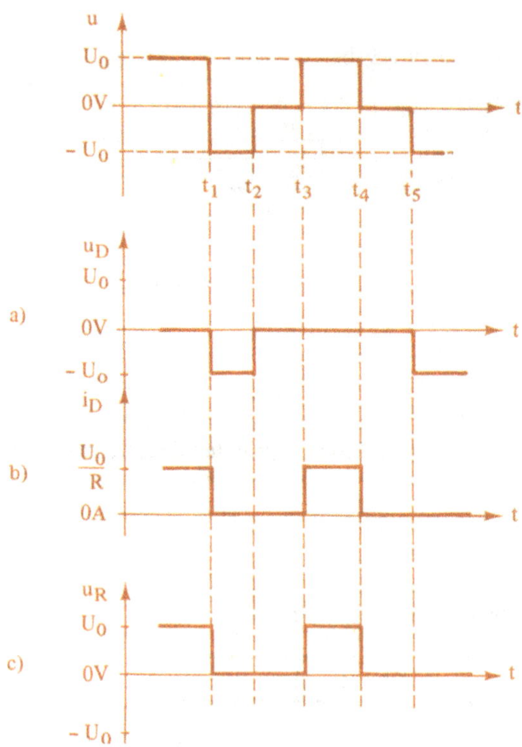

Eine Verknüpfungsschaltung realisiert eine derartige Schaltfunktion mit Hilfe elektronischer Bauelemente. Dabei werden binäre Spannungssignale am Schaltungseingang in binäre Signale am Ausgang umgewandelt.

Die Zuordnung zwischen den Binärwerten der Boole'schen Variablen und den binären Spannungssignalen kann frei vereinbart werden.

Eine mögliche und gebräuchliche Art der Zuordnung ist:

Binärwert der Boole'schen Variablen	binäres Spannungssignal
O	O Volt
L	- 6 Volt

Die Grundfunktionen AND und OR lassen sich mit relativ geringem Aufwand aus Bauelementen schaltungstechnisch realisieren. Für jede Eingangsvariable wird eine Diode benötigt.

2.2.1 AND-Grundschaltung

Zur Erklärung des schaltungstechnischen Aufbaues und der Funktionsweise einer AND-Grundschaltung beschränken wir uns auf zwei Eingangsvariable x_1 und x_2. Die Wertetafel der AND-Funktion $y=x_1$ & x_2 ist aus Kap. I, 3.2 her bekannt.

x_1	x_2	y
O	O	O
O	L	O
L	O	O
L	L	L

$y = x_1$ & x_2

Für die zugehörige AND-Grundschaltung werden zwei Dioden D_1 und D_2 und ein Widerstand R benötigt.

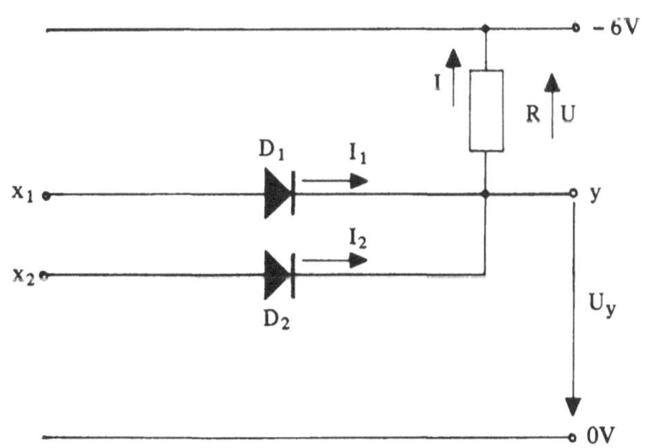

Der Zusammenhang zwischen den Binärwerten der Variablen x_1, x_2, y und den elektrischen Spannungs- und Stromgrößen kann für die vier möglichen Fällen tabellarisch dargestellt werden. Dabei wurde die Diode als idealer Schalter angesehen.

Eingänge		Dioden		Widerstand		Ausgang	
x_1	x_2	D_1	D_2	$I = I_1 + I_2$	U	U_y	y
O (OV)	O (OV)	$I_1 > O$	$I_2 > O$	$I > O$	6V	OV	O
O (OV)	L (-6V)	$I_1 > O$	$I_2 = O$	$I > O$	6V	OV	O
L (-6V)	O (OV)	$I_1 = O$	$I_2 > O$	$I > O$	6V	OV	O
L (-6V)	L (-6V)	$I_1 = O$	$I_2 = O$	$I = O$	OV	-6V	L

Die Interpretation der Tabelle sei an der Zeile 2 bespielhaft vorgeführt. Die Eingangsvariablen sind: $x_1 = O$ und $x_2 = L$. Die zugehörigen Spannungssignale sind: OV und - 6V. Damit arbeitet die Diode D_1 im Durchlaßbereich, die Diode D_2 jedoch nicht. Wegen $I_1 > O$ ist auch $I > O$. Der Strom I erzeugt am Widerstand R den Spannungsabfall U = 6V. U_y nimmt damit den Wert OV an. Dies entspricht dem Binärwert O der Variablen y. Die übrigen drei Zeilen der Tabelle können analog gedeutet werden.

Aufgabe 6

Eine Diode zeigt in Wirklichkeit nicht das Verhalten eines idealen Schalters, d. h. ihr Durchlaßwiderstand ist nicht exakt Null. Die getroffene Vereinbarung

$$O \hat{=} OV$$

kann nur bei Zulassung eines Toleranzbereiches eingehalten werden. Begründen Sie den Toleranzbereich für den Binärwert O anhand der oben angegebenen AND-Grundschaltung.

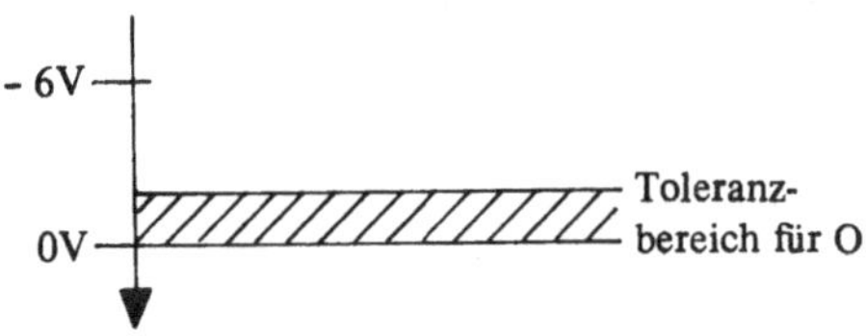

2.2.2 OR-Grundschaltung

Die Wertetafel der Grundfunktion OR mit zwei Eingangsvariablen x_1 und x_2 ist aus Kap. I, 3.2 bekannt.

x_1	x_2	y
O	O	O
O	L	L
L	O	L
L	L	L

$y = x_1 \vee x_2$

Die OR-Grundschaltung zeigt eine gewisse Symmetrie zur AND-Grundschaltung.

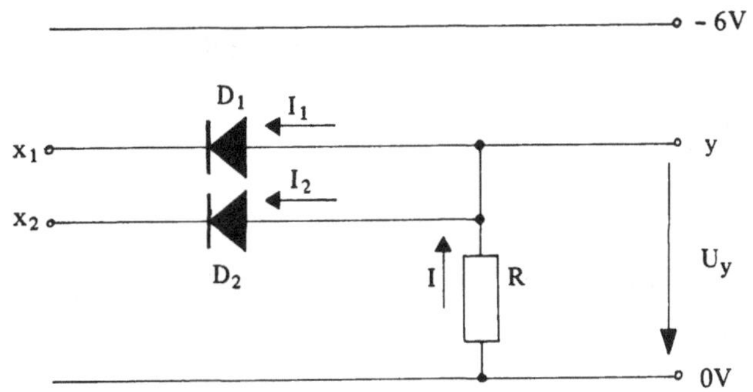

Der Zusammenhang zwischen den Binärwerten der Variablen x_1, x_2, y und den Spannungsgrößen läßt sich auch bei dieser Grundschaltung tabellarisch festhalten.

Eingänge		Dioden		Widerstand	Ausgang	
x_1	x_2	D_1	D_2	$I = I_1 + I_2$	U_y	y
O (OV)	O (OV)	$I_1 = O$	$I_2 = O$	$I = O$	OV	O
O (OV)	L (- 6V)	$I_1 = O$	$I_2 > O$	$I > O$	- 6V	L
L (- 6V)	O (OV)	$I_1 > O$	$I_2 = O$	$I > O$	- 6V	L
L (- 6V)	L (- 6V)	$I_1 > O$	$I_2 > O$	$I > O$	- 6V	L

Sobald wenigstens eine der beiden Eingangsvariablen L ist, d. h. wenigstens eines der beiden Eingangssignale - 6V ist, leitet wenigstens eine Diode. Der damit fließende Strom I erzeugt am Widerstand R die Ausgangsspannung $U_y = -6V$. Die Ausgangsvariable y nimmt damit den Wert L an.

Aufgabe 7

Die Binärwerte O und L der Variablen x_1 und x_2 werden durch Spannungssignale der Größe OV und - 6V an den Eingängen der Schaltung elektrisch verwirklicht. Dazu können die Widerstände R_1, R_2 und die Schalter S_1, S_2 benützt werden.

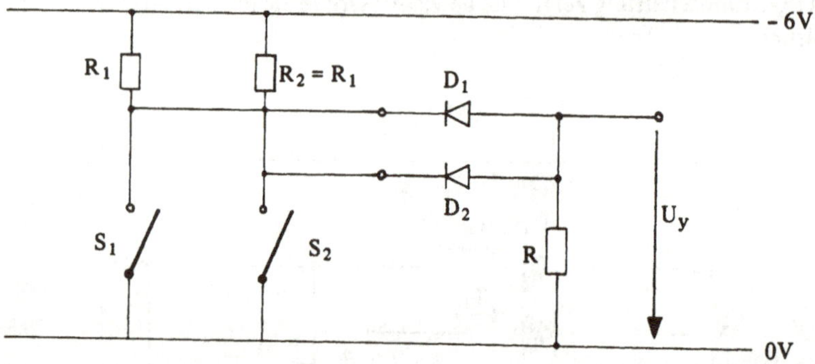

Die Widerstände R_1 und R_2 benötigen einen Toleranzbereich in der Vereinbarung:

$$L = -6V$$

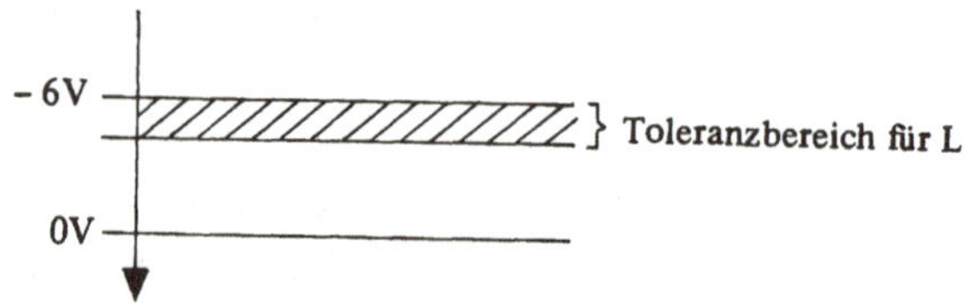

a) Begründung
b) wie muß das Widerstandsverhältnis von R zu R_1 (bzw. R_2) gewählt werden, um diesen Toleranzbereich möglichst klein zu halten?

Antwort 6

Für den Fall $x_1 = O$ und $x_2 = O$ kann die AND-Schaltung aufgrund der Spannungsbedingungen vereinfacht wie folgt gezeichnet werden:

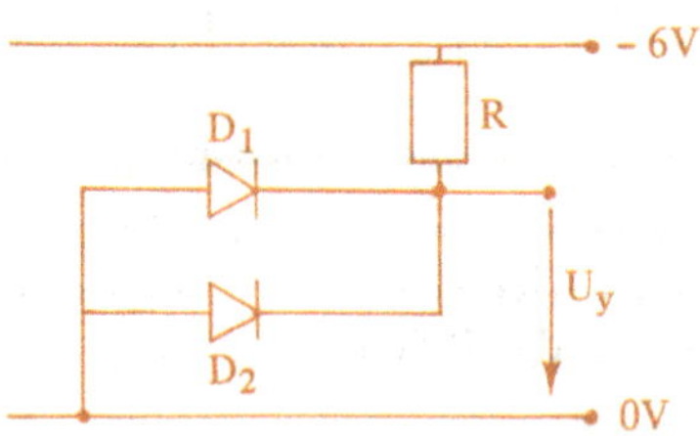

Die Durchlaßwiderstände der Dioden sind nicht exakt Null. An ihnen fällt die Spannung $U_y \neq 0V$ ab. Diese Spannung kann nur bei zugelassenem Toleranzbereich für U_y dem Binärwert $y = O$ zugeordnet werden.

2.3 Dioden-Zuordner

Ein Dioden-Zuordner ist eine logische Verknüpfungsschaltung mit Diodenbauelementen, die zur Codewandlung eingesetzt wird. Unter Codewandlung versteht man den Übergang von einem *Code* in einen anderen. Als Beispiel wird der Übergang vom BCD-Code in den sog. ‚1 aus 10'-Code dargestellt. Beide Codes dienen zur Verschlüsselung der Dezimalziffern 0 bis 9. Für die beiden Codes gelten folgende Vereinbarungen:

Dezimal-ziffern	BCD-Code	‚1 aus 10'-Code
0	O O O O	O O O O O O O O O L
1	O O O L	O O O O O O O O L O
2	O O L O	O O O O O O O L O O
3	O O L L	O O O O O O L O O O
4	O L O O	O O O O O L O O O O
5	O L O L	O O O O L O O O O O
6	O L L O	O O O L O O O O O O
7	O L L L	O O L O O O O O O O
8	L O O O	O L O O O O O O O O
9	L O O L	L O O O O O O O O O
	x_3 x_2 x_1 x_0	y_9 y_8 y_7 y_6 y_5 y_4 y_3 y_2 y_1 y_0

Für jede der vier Binärstellen des BCD-Codes wird ein elektrischer Eingang der digitalen Schaltung (Zuordner) vorgesehen. Es sind dies die Eingänge für x_0, x_1, x_2 und x_3. Weiterhin werden vier Eingänge für die negierten Eingangssignale benötigt ($\overline{x}_0$, $\overline{x}_1$, $\overline{x}_2$, $\overline{x}_3$).

Das Ergebnis der Codewandlung soll im ‚1 aus 10'-Code angegeben werden. Dazu wird für jede der zehn Binärstellen des ‚1 aus 10'-Code ein elektrischer Ausgang bereitgestellt. Sie sind mit y_0, ... y_9 gekennzeichnet. An jeden dieser elektrischen Ausgägne kann beispielsweise eine Lampe mit Ziffernaufdruck zur Anzeige der Dezimalziffern angeschlossen werden.

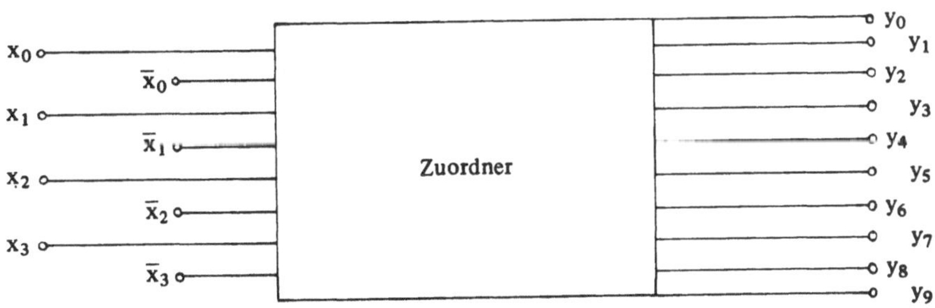

Die Aufgabe des Zuordners kann anhand etwa der Zeile 4 obiger Code-Tabelle erklärt werden. Die Dezimalziffer 3 wird im BCD-Code mit den vier Binärwerten:

$$x_3 = O \qquad x_2 = O \qquad x_1 = L \qquad x_o = L$$

dargestellt. In der zugehörigen O, L-Kombination des 1 aus 10'-Code nimmt nur die Binärvariable y_3 den Wert L an. Alle anderen Variablen haben den Wert O.

Der Zusammenhang zwischen den Eingangsvariablen x_0, x_1, x_2, x_3 und dieser Ausgangsvariablen y_3 kann als Schaltfunktion formuliert werden:

$$y_3 = \overline{x}_3 \,\&\, \overline{x}_2 \,\&\, x_1 \,\&\, x_0$$

Aufgabe 8

Wie lauten die Schaltfunktionen für die restlichen Zeilen der Code-Tabelle?

Die Schaltfunktion für jede Ausgangsvariable, d. h. für jede Zeile der Code-Tabelle, ist eine AND-Funktion mit vier Eingangsvariablen. Der Binärwert jeder Ausgangsvariablen $y_0, \ldots\ldots, y_9$ soll als elektrisches Spannungssignal (OV, - 6V) bereitgestellt werden.

Es wird also für jeden Ausgang eine AND-Grundschaltung mit vier Eingängen, d. h. vier Dioden, benötigt. Die elektrische Kopplung der vier x-Eingänge und der vier $\overline{x}$-Eingänge mit den zehn y-Ausgängen erfolgt in einer sog. Dioden-Matrix. Diese Schaltungsanordnung bezeichnet man als Zuordner.

Die Funktionsweise der Dioden-Matrix kann aus der Arbeitsweise einer AND-Grundschaltung abgeleitet werden. Als Beispiel werde wieder die Zeile 4 der Code-Tabelle herangezogen.

Aus den Binärwerten für die Dezimalziffer 3:

x_3	x_2	x_1	x_0	y_3	$y_1, \ldots\ldots y_9$
O	O	L	L	L	O

Antwort 7

zu a) Die Kombination $x_1 = L$ und $x_2 = L$ wird durch die beiden offenen Schalter S_1 und S_2 erzeugt. Die Widerstände R_1 und R_2 bilden mit dem Widerstand R einen Spannungsteiler. Damit wird U_y stets kleiner als - 6 V.

zu b) Der erwünschte Wert $U_y = - 6$ V wird umso besser angenähert, d. h. der Toleranzbereich für L = - 6 V wird umso schmäler, je kleiner R_1 bzw. R_2 im Verhältnis zu R ist: $R_1, R_2 << R$.

folgt für die Spannungen an den Eingängen:

Eingang	x_3	$\bar{x}_3$	x_2	$\bar{x}_2$	x_1	$\bar{x}_1$	x_0	$\bar{x}_0$
Spannung	OV	- 6V	OV	- 6V	- 6V	O	- 6V	O

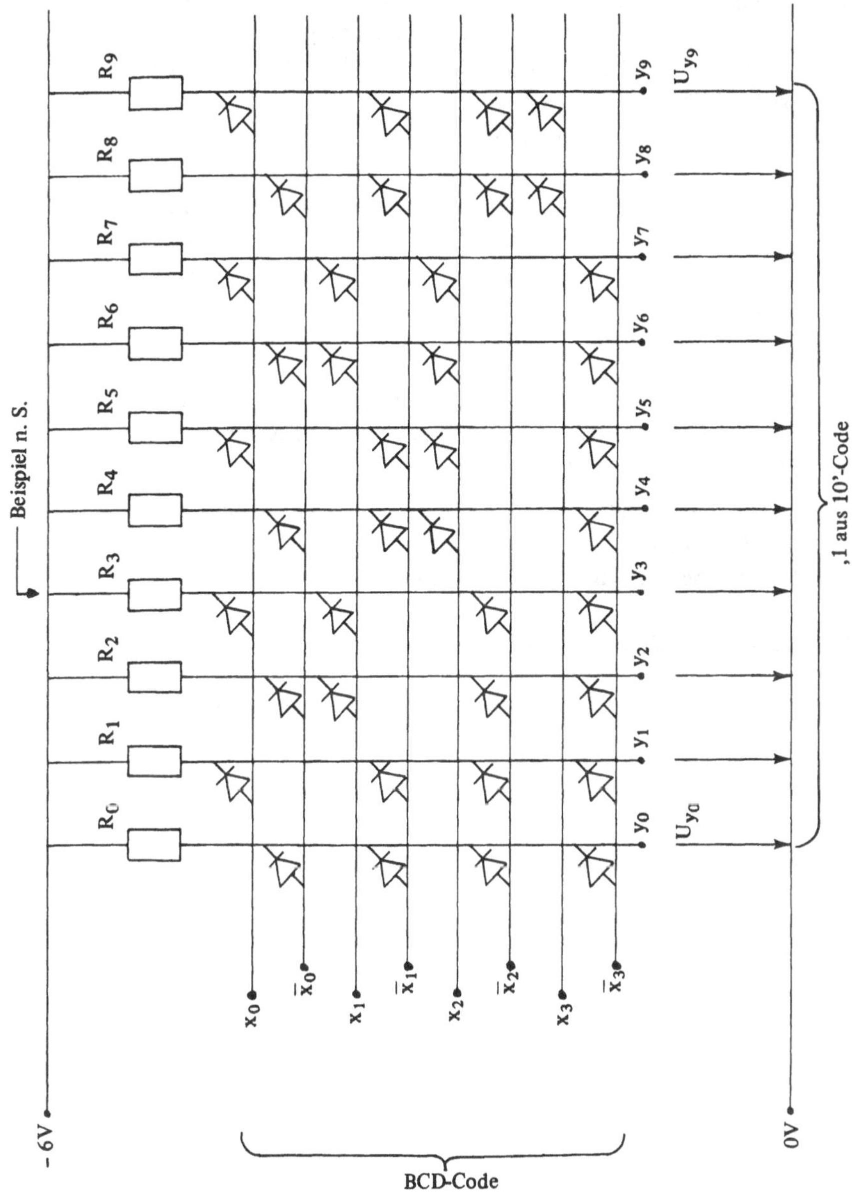

Am Ausgang y_3 darf also nur dann ein - 6V-Signal entstehen, wenn an den Eingängen $\overline{x}_3$, $\overline{x}_2$, x_1 und x_0 ein - 6V-Signal anliegt. In die AND-Grundschaltung mit dem Ausgang y_3 dürfen demnach nur die Eingänge $\overline{x}_3$, $\overline{x}_2$, x_1 und x_0 über je eine Diode einbezogen werden.

An den Eingängen x_3, x_2, $\overline{x}_1$ und $\overline{x}_0$ liegen OV-Signale Wie aus der Dioden-Matrix zu entnehmen ist, besitzen die AND-Schaltungen für die Ausgänge y_0, y_1, y_2, $y_4 \ldots y_9$ mindestens einen dieser Eingänge. Damit liegt an jedem dieser Ausgänge das OV-Signal.

Die Binärwerte für die zehn Ausgänge sind demnach wie erwünscht:

y_9	y_8	y_7	y_6	y_5	y_4	y_3	y_2	y_1	y_0
O	O	O	O	O	O	L	O	O	O

Für die übrigen Zeilen der Code-Tabelle können entsprechende Überlegungen angestellt werden.

Aufgabe 9

Für die Codewandlung vom Aiken-Code in den ‚1 aus 10'-Code soll ein Dioden-Zuordner gezeichnet werden. Die Verschlüsselung der Dezimalziffern im Aiken-Code wurde auf S. 81 angegeben.

a) Wie lauten die Schaltfunktionen für die Ausgangsvariablen $y_0 \ldots\ldots y_9$ des Zuordners?

b) Welches Aussehen besitzt die Dioden-Matrix?

3. Transistor-Schaltungen

Die bisher vorgeführten Grundschaltungen AND und OR basieren auf der Verwendung von Dioden. Das aktive Bauelement ‚Transistor' ermöglicht den Aufbau der logischen Funktionen NAND und NOR als digitale Schaltung.

Antwort 8

$$y_0 = \overline{x}_3 \,\&\, \overline{x}_2 \,\&\, \overline{x}_1 \,\&\, \overline{x}_0$$
$$y_1 = \overline{x}_3 \,\&\, \overline{x}_2 \,\&\, \overline{x}_1 \,\&\, x_0$$
$$y_2 = \overline{x}_3 \,\&\, \overline{x}_2 \,\&\, x_1 \,\&\, \overline{x}_0$$
$$y_3 = \overline{x}_3 \,\&\, \overline{x}_2 \,\&\, x_1 \,\&\, x_0$$
$$y_4 = \overline{x}_3 \,\&\, x_2 \,\&\, \overline{x}_1 \,\&\, \overline{x}_0$$
$$y_5 = \overline{x}_3 \,\&\, x_2 \,\&\, \overline{x}_1 \,\&\, x_0$$
$$y_6 = \overline{x}_3 \,\&\, x_2 \,\&\, x_1 \,\&\, \overline{x}_0$$
$$y_7 = \overline{x}_3 \,\&\, x_2 \,\&\, x_1 \,\&\, x_0$$
$$y_8 = x_3 \,\&\, \overline{x}_2 \,\&\, \overline{x}_1 \,\&\, \overline{x}_0$$
$$y_9 = x_3 \,\&\, \overline{x}_2 \,\&\, \overline{x}_1 \,\&\, x_0$$

3.1 Grundlagen des Transistors

In digitalen Schaltungen wird der Transistor in einer besonderen Betriebsweise eingesetzt, nämlich als elektronischer Schalter. Das Verständnis dieser speziellen Betriebsart setzt die Kenntnis von Aufbau, Wirkungsweise und Kennlinien des Transistors voraus. Darauf wird im folgenden summarisch und kurz eingegangen.

3.1.1 Aufbau und Wirkungsweise

Transistoren sind aktive Halbleiter-Bauelemente aus Silizium oder Germanium. Sie bestehen aus drei Zonen, von denen die beiden äußeren den gleichen Leitungsmechanismus (n-leitend oder p-leitend) besitzen. Die mittlere Zone ist von entgegengesetztem Leitungsmechanismus und im Gegensatz zu den beiden äußeren Zonen sehr schmal ausgebildet.

Im Gegensatz zur Diode, die einen p-n-Übergang besitzt, enthält der Transistor zwei p-n-Übergangsbereiche. Es sind zwei Zonenfolgen denkbar:

pnp-Transistor
npn-Transistor

Häufiger angewandt wird der pnp-Transistor.
Im folgenden beschränken wir uns auf diese Transistorart.
Werden in den Darstellungen der nächsten Seiten die Spannungs- und Stromrichtungen umgekehrt, so lassen sich die entsprechenden Aussagen für npn-Transistoren ableiten.

Antwort 9

zu a) $y_0 = \overline{x}_3 \,\&\, \overline{x}_2 \,\&\, \overline{x}_1 \,\&\, \overline{x}_0$
$y_1 = \overline{x}_3 \,\&\, \overline{x}_2 \,\&\, \overline{x}_1 \,\&\, x_0$
$y_2 = \overline{x}_3 \,\&\, \overline{x}_2 \,\&\, x_1 \,\&\, \overline{x}_0$
$y_3 = \overline{x}_3 \,\&\, \overline{x}_2 \,\&\, x_1 \,\&\, x_0$
$y_4 = \overline{x}_3 \,\&\, x_2 \,\&\, \overline{x}_1 \,\&\, \overline{x}_0$
$y_5 = x_3 \,\&\, \overline{x}_2 \,\&\, x_1 \,\&\, x_0$
$y_6 = x_3 \,\&\, x_2 \,\&\, \overline{x}_1 \,\&\, \overline{x}_0$
$y_7 = x_3 \,\&\, x_2 \,\&\, \overline{x}_1 \,\&\, x_0$
$y_8 = x_3 \,\&\, x_2 \,\&\, x_1 \,\&\, \overline{x}_0$
$y_9 = x_3 \,\&\, x_2 \,\&\, x_1 \,\&\, x_0$

zu Antwort 9

zu b)

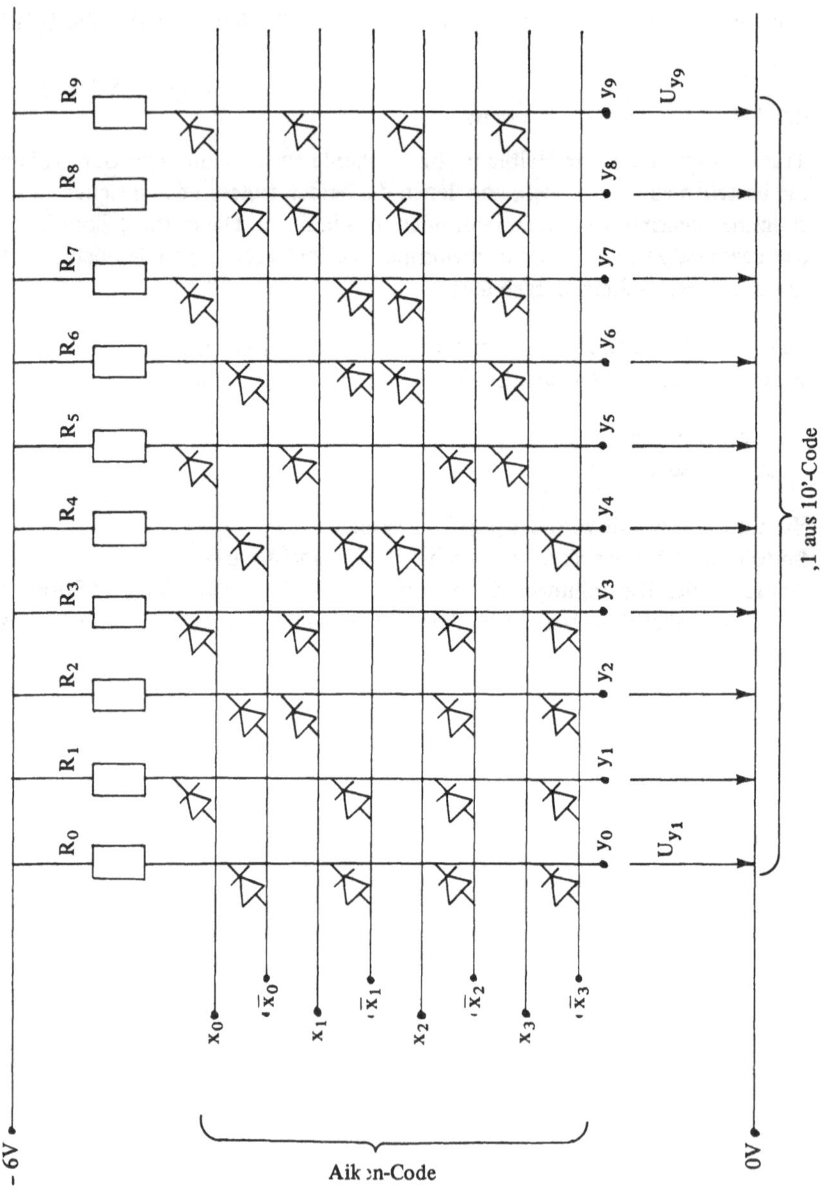

Aufbau eines pnp-Transistors:

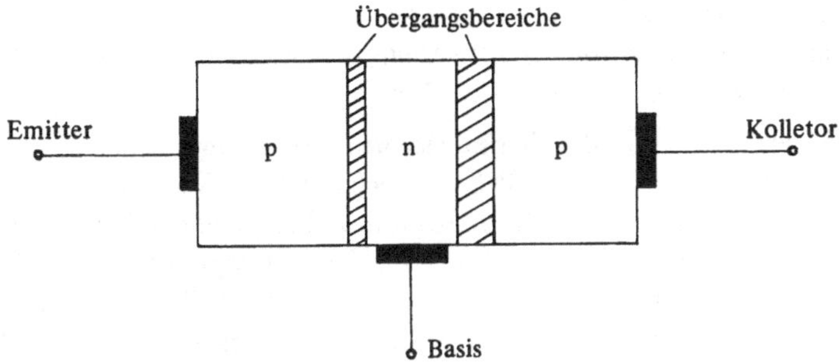

zugehöriges Symbol:

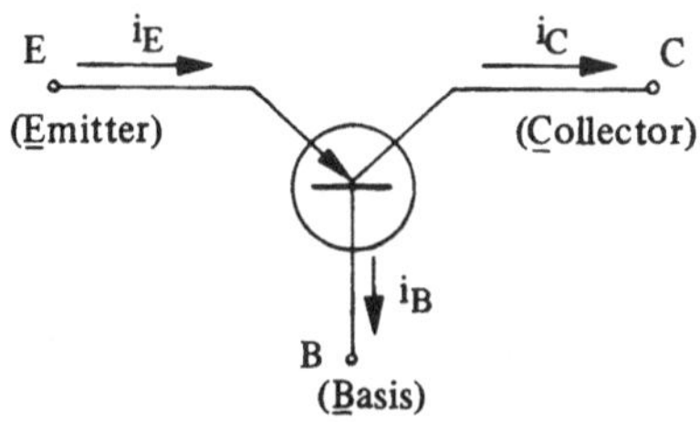

Die Kontaktanschlüsse für die drei Zonen des Transistors bezeichnet man als Emitter, Kollektor (collector) und Basis – oder abgekürzt: E, C, B. Die beiden Übergangszonen können als Dioden aufgefaßt werden.

Beim normalen Betrieb des Transistors wird die Emitter-Basis-Diode (E-B-Diode) in Durchlaßrichtung und die Kollektor-Basis-Diode (C-B-Diode) in Sperrichtung betrieben.

Es wird also zwischen E und B eine positive Spannung und zwischen C und B eine negative Spannung angelegt.

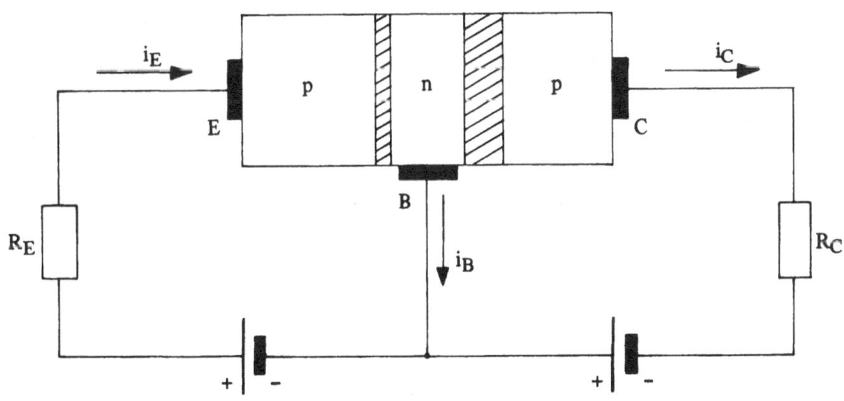

Wären die E-B-Diode und die C-B-Diode völlig unabhängig voneinander, so würde man bei Normalbetrieb des Transistors einen hohen Emitterstrom (i_E) und einen sehr geringen Kollektrorstrom (i_C) erwarten. Da aber die Basiszone sehr schmal ausgebildet ist, können sich die beiden Dioden gegenseitig beeinflussen.

Die E-B-Diode und die C-B-Diode sind also *nicht* unabhängig voneinander. Der größere Teil des Emitterstromes fließt nämlich nicht aus der Basis heraus, sondern durchsetzt die sehr dünne Basisschicht und fließt über den Kollektoranschluß ab. Dadurch wird der ursprüngliche Kollektorstrom vergrößert. Mit einer Änderung des Emitterstromes ändert sich also auch der Kollektorstrom, d. h. der Emitterstrom steuert den Kollektorstrom. Dieser Steuermechanismus ist die Grundlage für die Verwendung des Transistors zu Verstärkerzwecken. Man bezeichnet den Transistor deshalb auch als *aktives* Bauelement. Die oben beschriebenen Vorgänge lassen sich grafisch veranschaulichen:

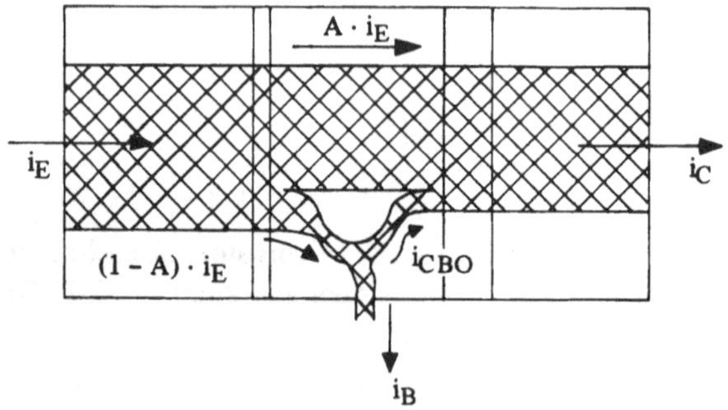

Die verschiedenen eingezeichneten Stromgrößen können wie folgt gedeutet werden:

i_E = Emitterstrom

$A \cdot i_E$ = der Teil des Emitterstromes, der durch die Basisschicht hindurch in die Kollektorzone hineinfließt. Übliche Werte für A sind 0,90 .... 0,99. Dies bedeutet: 90 % .... 99 % des Emitterstromes fließen über den Kollektor und nicht die Basis ab.

$(1-A) \cdot i_E$ = der Teil des Emitterstromes, der – wie erwartet – über die Basis fließt.

i_{CBO}: Liegt an der E-B-Diode keine positive Spannung, an der C-B-Diode jedoch die negative Spannung, so fließt von B nach C ein Dioden-Sperrstrom. Er wird mit i_{CBO} gekennzeichnet.

i_B: der tatsächliche Basisstrom i_B bei Normalbetrieb des Transistors ergibt sich als Differenz von $(1-A) \cdot i_E$ und i_{CBO}:

$$i_B = (1-A) \cdot i_E - i_{CBO}$$

i_C: der effektive Kollektorstrom entsteht als Summe von $A \cdot i_E$ und i_{CBO}:

$$i_C = A \cdot i_E + i_{CBO}$$

Aufgabe 10

Wie groß ist a) der Emitterstrom i_E und
b) der Kollektorstrom i_C,
wenn der Basisstrom $i_B = 0$ ist?

3.1.2 Kennlinien

In der digitalen Schaltungstechnik wird der Transistor in der sog. Emitterschaltung betrieben. Dies besagt, daß der Emitter sowohl Eingangs- als auch Ausgangs-Bezugspunkt ist.

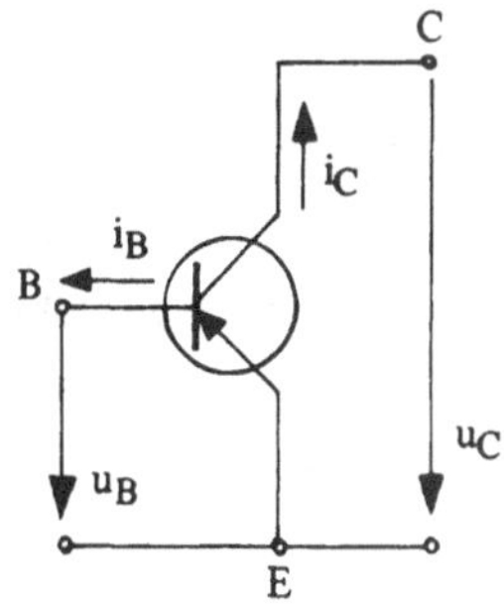

Die Abhängigkeit des Basisstroms i_B von der Eingangsspannung u_B bezeichnet man als Eingangskennlinie. Der Verlauf dieser Kennlinie erklärt sich aus der Diodenwirkung der E-B-Strecke.

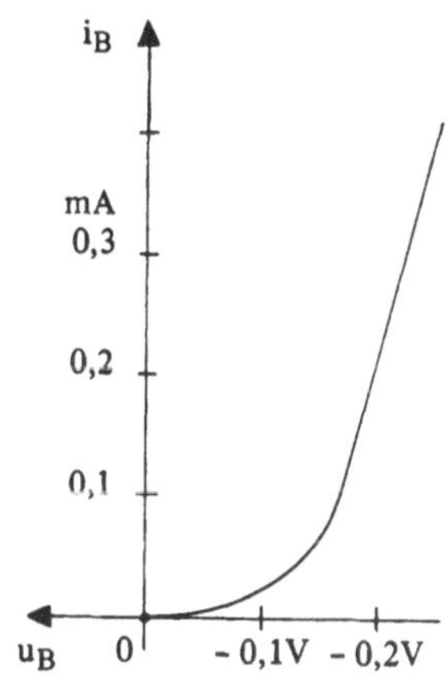

Das Ausgangskennlinienfeld gibt die Abhängigkeit des Kollektorstroms i_C von der angelegten (negativen) Kollektorspannung u_C an. Der Basisstrom i_B tritt dabei als Parameter auf, d. h. für jeden festen Basisstrom beschreibt *eine* Kennlinie des Feldes den Zusammenhang zwischen i_C und u_C.

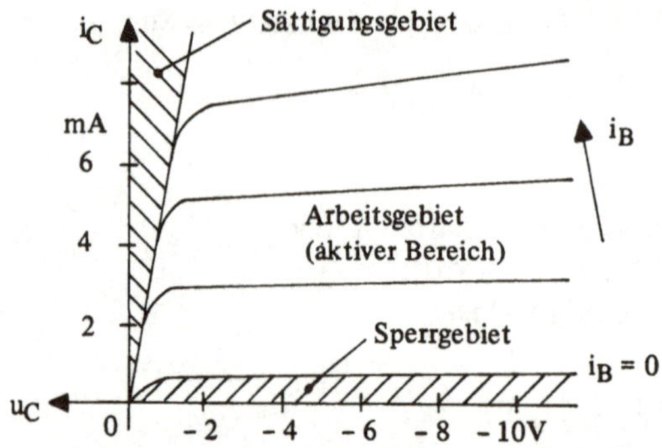

Folgende Eigenschaften des Ausgangs-Kennlinienfeldes sind hervorzuheben:

a) Der Ausgangsstrom i_C ist bei festem Steuerstrom i_B nur wenig abhängig von der Kollektorspannung.

b) beim Steuerstrom i_B = O fließt immer noch ein kleiner Kollektorstrom.

c) Bei kleiner negativer Kollektorspannung knicken die Kennlinien nach unten ab und verlaufen durch den Nullpunkt.

Die Zustände der E-B- und der C-B-Diode kennzeichnen drei Bereiche des Kennlinienfeldes:

1. das Sperrgebiet: beide Dioden sperren

Antwort 10

zu a) $i_B = (1-A) \cdot i_E - i_{CBO}$

$O = (1-A) \cdot i_E - i_{CBO}$

$$i_E = \frac{i_{CBO}}{1-A}$$

zu b) $i_C = A \cdot i_E + i_{CBO}$

$$= \frac{A}{1-A} \cdot i_{CBO} + i_{CBO}$$

$$= \frac{i_{CBO}}{1-A} = i_E$$

Dieses Ergebnis $i_C = i_E$ folgt auch aus obiger grafischer Darstellung der internen Stromverhältnisse. Diesen Strom $i_{CEO} = \frac{i_{CBO}}{1-A}$ nennt man Kollektorreststrom bei offener Basis (d. h. für $i_B = O$).

2. das Arbeitsgebiet:
   die E-B-Diode wird in Durchlaßrichtung,
   die C-B-Diode in Sperrichtung betrieben.
   Das Arbeitsgebiet wird auch als aktiver Bereich bezeichnet.
3. das Sättigungsgebiet:
   beide Dioden werden in Durchlaßrichtung betrieben.

Der Zusammenhang zwischen i_C und i_B lautet:

$$i_C = \frac{A}{1-A} \cdot i_B + i_{CEO}$$

Aufgabe 11

Wie kann diese Funktion hergeleitet werden?

Der Ausdruck A/1-A wird mit B abgekürzt. B gibt dann die Gleichstromverstärkung in Emitterschaltung an. Mit A = 0,90 – 0,99 errechnet sich für B der Bereich 10 . . . . 100. Vernachlässigt man den kleinen Strom i_{CEO}, so gilt die Näherung:

$$i_C = B \cdot i_B$$

Der Eingangsstrom i_B der Emitterschaltung kann demnach bis zu hundertfach verstärkt als Kollektorstrom am Ausgang auftreten. Aufgrund dieser Verstärkereigenschaft wird der Transistor den aktiven Bauelementen zugerechnet.

3.1.3 Der Transistor als Schalter

An einen elektrischen Schalter werden folgende Anforderungen gestellt:

a) kleiner Widerstand im geschlossenen Zustand
b) großer Widerstand im offenen Zustand
c) kurze Schaltzeit, d.h. geringer Zeitbedarf für den Übergang von einem Zustand in den anderen.

Ein elektro-mechanischer Schalter erfüllt die Anforderungen a) und b) nahezu ideal, nicht jedoch die Bedingung c).

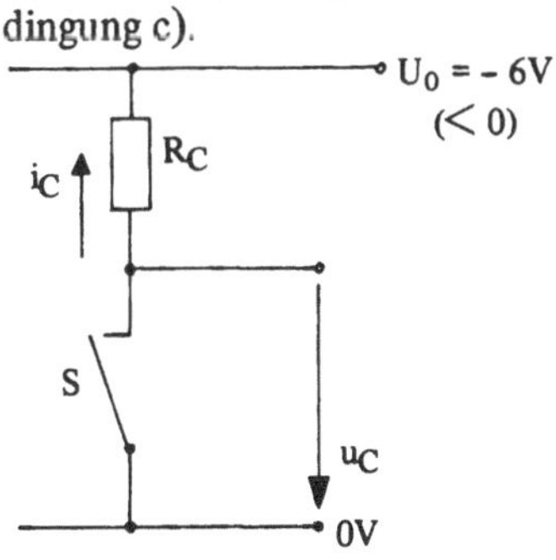

Eine kurze Schaltzeit läßt sich von folgender Transistor-Schaltung erwarten:

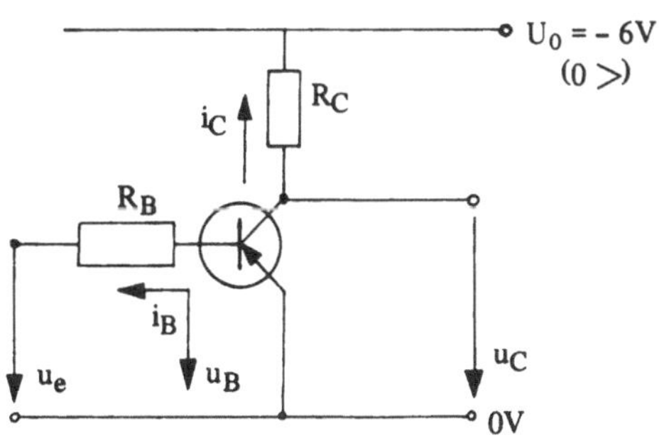

Der Schaltung kann die Spannungsbeziehung:

$$U_0 - u_C + i_C \cdot R_C = 0$$

entnommen werden.

Durch einfache Umformung erhält man:

$$i_C = \frac{1}{R_C} \cdot u_C - U_o/R_C$$

Diese lineare Abhängigkeit des Kollektorstromes i_C von der Kollektorspannung u_C wird als sog. Widerstandsgerade in das Ausgangskennlinienfeld eingetragen:

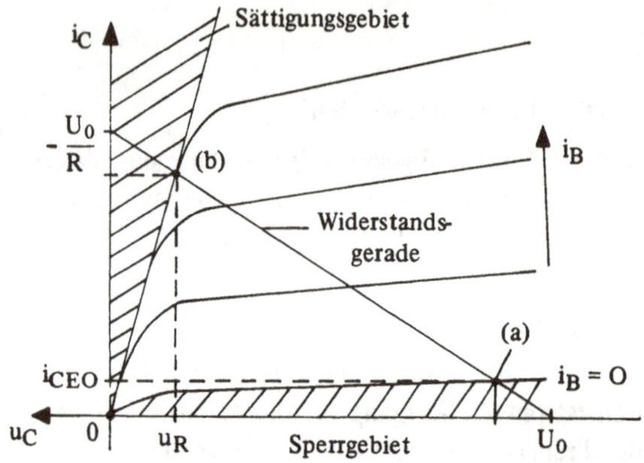

Aufgabe 12

Wovon hängt die Steigung der Widerstandsgeraden ab?

Durch entsprechende Wahl des Basisstroms i_B, d. h. durch Steuerung an der Basis, kann der Arbeitspunkt (a) oder (b) eingestellt werden. Im Arbeitspunkt (a) ist der Transistor gesperrt, in (b) ist er im Sättigungszustand.

Wird die Basis auf die gleiche Spannung wie der Emitter gelegt oder sogar noch positiv gegenüber dem Emitter vorgespannt, so sperrt die Emitterdiode.

Antwort 11

Ausgangsgleichungen:

$$i_B = (1-A) \cdot i_E - i_{CBO}$$
$$i_C = A \cdot i_E + i_{CBO}$$

Durch Elimination von i_E folgt daraus:

$$i_C = \frac{A}{1-A} \cdot i_B + \frac{1}{1-A} \cdot i_{CBO}$$
$$= \frac{A}{1-A} \cdot i_B + i_{CEO}$$

Der Basisstrom i_B ist also Null. Aus der bekannten Gleichung:

$$i_C = B \cdot i_B + i_{CEO}$$

folgt damit:

$$i_C = i_{CEO}$$

Der Transistor sperrt also nicht völlig, denn es fließt noch der kleine Reststrom i_{CEO}. Der Widerstand der E-C-Strecke des Transistors ist in diesem Sperrzustand demnach nicht unendlich groß, wie es von einem idealen Schalter gefordert wurde (vgl. Punkt (a)).

Der Arbeitspunkt (b) (Sättigungsgebiet) wird durch die Wahl der Eingangsspannung $u_e = U_o$ eingestellt. Die Basis des Transistors ist negativ gegenüber dem Emitter und auch gegenüber dem Kollektor. Die E-B-Diode und die C-B-Diode sind in Durchlaßrichtung gepolt. Es fließt ein großer Basis- und auch ein großer Kollektorstrom. Sie werden durch R_B und R_C begrenzt, um eine Zerstörung des Transistors zu vermeiden. Im Sättigungszustand fällt zwischen E und C noch eine geringe Restspannung u_R ab. Dies bedeutet, der Widerstand der E-C-Strecke des Transistors ist nicht exakt Null, wie es von einem idealen Schalter gefordert wurde (vgl. Punkt (b)).

Die Restspannung u_R und der Reststrom i_{CEO} bestimmen also die Güte der Schaltwirkung des Transistors. Beide Größen sind durch die physikalischen Eigenschaften des Transistors gegeben und können dem Kennlinienfeld entnommen werden.

Erhöht man den Basisstrom bis zum Wert i_{B1}, so erreicht der Arbeitspunkt auf der Widerstandsgeraden gerade den Sättigungsbereich. Der Kollektorstrom hat dann den Wert i_{C1}. Für diesen Arbeitspunkt gilt noch der für den aktiven Bereich des Kennlinienfeldes abgeleitete Zusammenhang:

$$i_{C1} = B \cdot i_{B1}$$

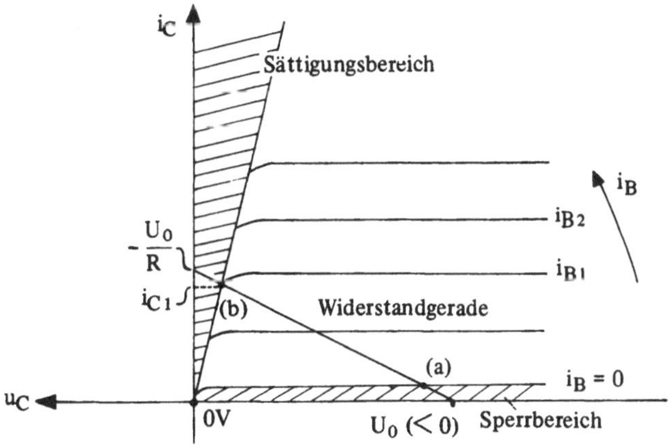

Bei weiterer Erhöhung des Basisstroms – z. B. auf den Wert i_{B2} – gilt dies Proportionalität nicht mehr. Wie dem Kennlinienfeld zu entnehmen ist, bleibt dabei der Kollektorstrom praktisch konstant auf dem Wert i_{C1}. Dies liegt daran, daß die Kennlinien für i_{B1} und i_{B2} im Arbeitspunkt (b) (Sättigungsgebiet) nahezu zusammenfallen. In dem Fall: i_{B2}, i_{C1} spricht man von ‚Übersteuerung' des Transistors. Für jeden Basisstrom i_{B2}, der größer ist als der kritische Wert i_{B1}, kann ein Übersteuerungsfaktor ü errechnet werden: $ü = i_{B2}/i_{B1}$

Aufgabe 13

In welcher Weise ändert sich der Verstärkungsfaktor B beim Übergang vom aktiven Bereich in den Sättigungsbereich?

3.2. Grundschaltungen mit Transistoren

3.2.1. Negation

Der elektrische Schalter ‚Transistor' kann die beiden Werte O und L von Binärvariablen elektrisch nachbilden. Eine einfache Transistorstufe realisiert die Schaltfunktion ‚Negation' $y = \overline{x}$.

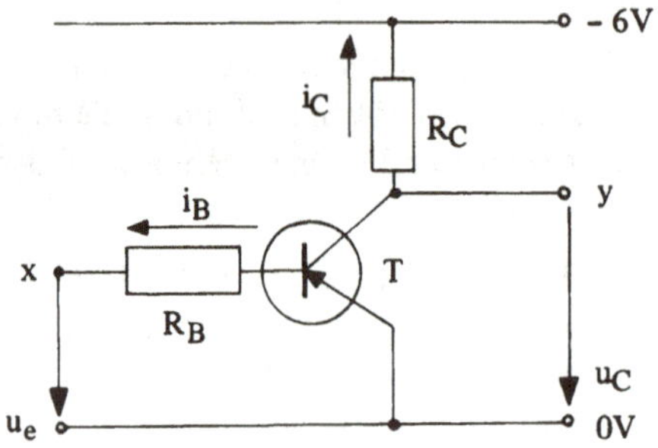

Antwort 12

Aus der Geradengleichung: $$i_C = \frac{1}{R_C} \cdot u_C - \frac{U_0}{R_C}$$

können folgende Aussagen abgeleitet werden:

1. die Widerstandsgerade schneidet die u_C-Achse stets beim Werte U_0.
2. die Widerstandsgerade schneidet die i_CAchse beim Wert $i_C = - U_0/R_C$. Dieser

Schnittpunkt wandert mit steigendem R_C gegen den Nullpunkt. Ein großer R_C-Wert bewirkt demnach einen flachen Verlauf der Widerstandsgeraden, ein kleiner R_C-Wert einen steilen.

Der Zusammenhang zwischen den logischen Eingangs- und Ausgangsvariablen und den elektrischen Größen kann tabellarisch angegeben werden:

Eingans-variable x	Eingangs-spannung u_e	Betriebs-zustand von T	Kollektor-strom i_C	Ausgangs-spannung u_c	Ausgangs-variable $y = \bar{x}$
O	OV	sperrt	O	- 6V	L
L	- 6V	leitet	O	OV	O

Die elektrischen Werte in der Tabelle gelten nur näherungsweise, da im Sperrzustand i_{CEO} und im Sättigungszustand u_R vernachlässigt wurden.

In der praktischen Verknüpfungsschaltung wird die Ausgangsspannung einer Transistorstufe als Eingangsspannung zur Steuerung der folgenden Stufe benutzt.

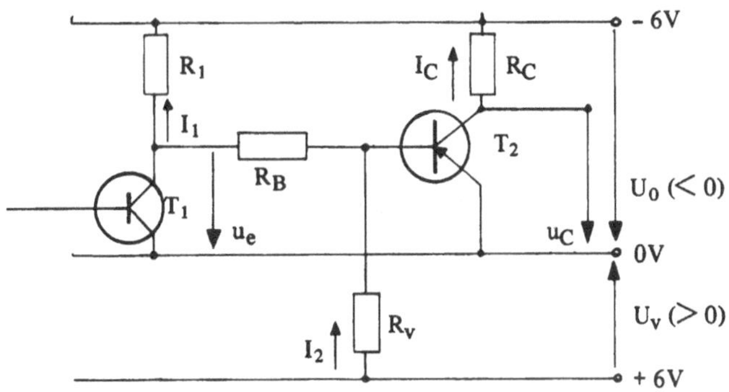

Aufgabe 14

Annahmen:

1. in die obige Schaltung sei der Vorwiderstand R_v nicht einbezogen
2. beide Transistoren seien ideale Schalter

Wie ist der zeitliche Verlauf?

a) der Eingangsspannung u_e von T_2
b) der Ausgangsspannung u_c von T_2

wenn der steuernde Transistor T_1 vom leitenden in den sperrenden und dann wieder in den leitenden Zustand übergeht?

Der Transistor T_2 sperrt sicher, wenn seine Basis gegenüber dem Emitter positiv vorgespannt ist. Der leitende Transistor T_1 erzeugt jedoch eine negative Spannung $u_e = u_R < 0$, da er nicht ideal ist. Dies kann gegebenenfalls dazu führen, daß der Transistor T_2 nicht mehr sperrt. Dem wirkt der Spannungsteiler R_v und (R_B, R_1) entgegen. Auch bei leitendem Transistor T_1 bleibt somit die Basis von T_1 gegenüber dem Emitter positiv vorgespannt.

3.2.2. NAND-Grundschaltung

Die Wertetafel der NAND-Funktion:

$$y = \overline{x_1 \& x_2}$$
$$= \bar{x}_1 \vee \bar{x}_2$$

ist von S. 34 her bekannt.

x_1	x_2	y
O	O	L
O	L	L
L	O	L
L	L	O

Die NAND-Funktion für zwei Eingangsvariable x_1 und x_2 kann durch zwei seriengeschaltete Transistoren elektrisch wiedergegeben werden.

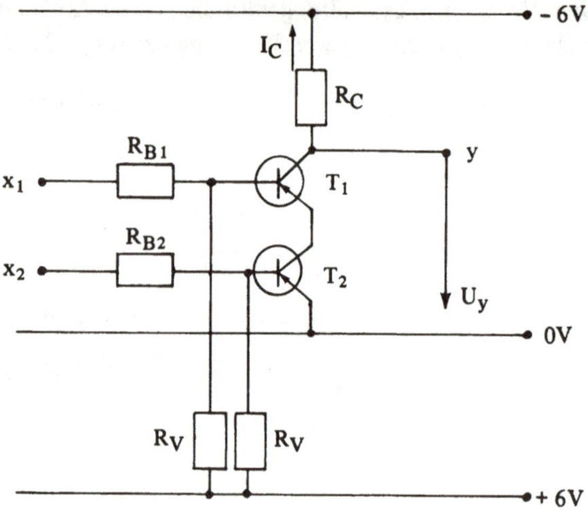

Ein Strom I_C kann nur dann fließen, wenn *beide* Transistoren leiten. Ist einer der beiden Transistoren gesperrt, so kann der andere niemals in den leitenden Zustand versetzt werden, denn durch den sperrenden Transistor wird der Stromkreis für den Strom I_C unterbrochen.

Die elektrischen Zustände, die den vier möglichen O, L-Kombinationen in der Wertetafel entsprechen, können in einer Tabelle übersichtlichtlich zusammengefaßt werden.

Antwort 13

Im aktiven Bereich des Kennlinienfeldes ist B konstant. Für den Fall: i_{B1}, i_{C1} gilt: $i_{C1} = B \cdot i_{B1}$. Im Übersteuerungsfall bringt eine Erhöhung des Basisstroms nahezu keine Erhöhung des Kollektorstromes. Der Stromverstärker B muß also kleiner sein als im Falle: i_{B1}, i_{C1}.

Eingangs-variable		Betriebs-zustand		Strom	Spannung	Ausgangs-variable
x_1	x_2	T_1	T_2	I_c	U_y	$y = \overline{x_1 \& x_2}$
O (OV)	O (OV)	sperrt	sperrt	O	- 6V	L
O (OV)	L (-6V)	sperrt	–	O	- 6V	L
L (-6V)	O (OV)	–	sperrt	O	- 6V	L
L (-6V)	L (-6V)	leitet	leitet	> O	OV	O

Aufgabe 15

a) Wie läßt sich die AND-Funktion durch eine zweistufige Transistorschaltung verwirklichen?

b) Wie sieht die Schaltung aus?

Antwort 14

zu a)

zu b)

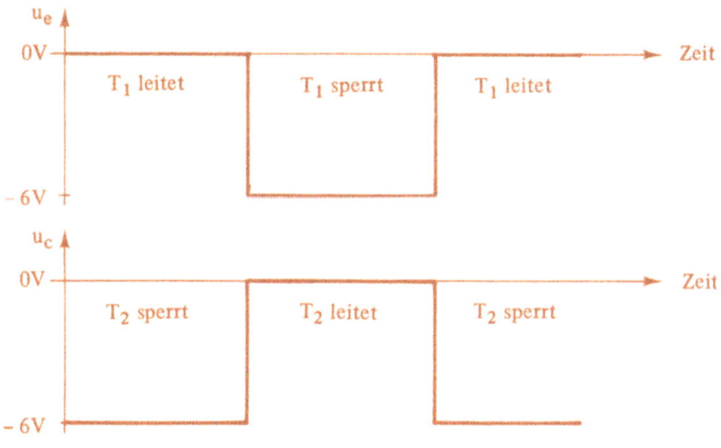

Ausgehend von u_e kann der Verlauf von u_C aufgrund der Tabelle (S. 109) abgeleitet werden.

3.2.3 NOR-Grundschaltung

Die Wertetafel der NOR-Funktion

$$y = \overline{x_1 \vee x_2} = \overline{x_1} \,\&\, \overline{x_2}$$

ist von S. 34 her bekannt.

NOR-Wertetafel

x_1	x_2	y
O	O	L
O	L	O
L	O	O
L	L	O

Die NOR-Funktion für zwei Eingangsvariable x_1 und x_2 kann durch zwei parallel geschaltete Transistoren elektrisch erzeugt werden.

Antwort 15

zu a) Die AND-Funktion:

$y = x_1 \,\&\, x_2$

kann auch als negierte NAND-Funktion geschrieben werden:

$y = \overline{\overline{(x_1 \,\&\, x_2)}}$

Der Klammerausdruck führt zu einer NAND-Schaltung in der ersten Transistorstufe. Die zweite Transistorstufe bewirkt die Negation dieses Ausdrucks.

zu b)

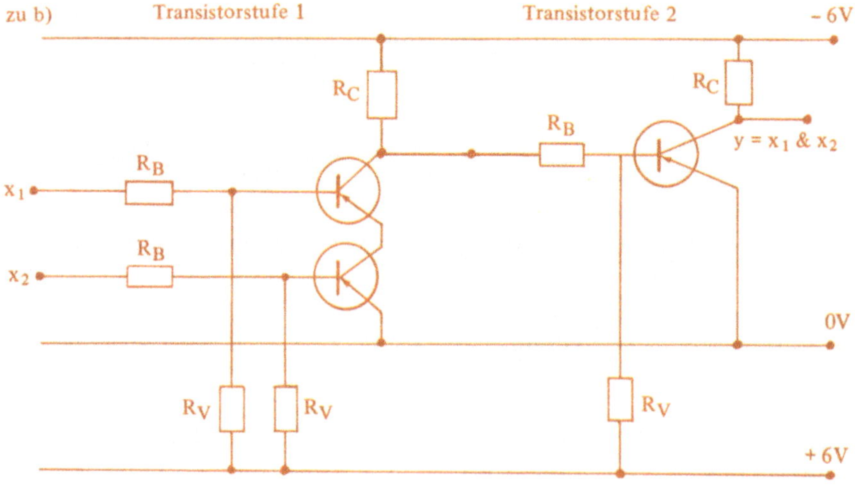

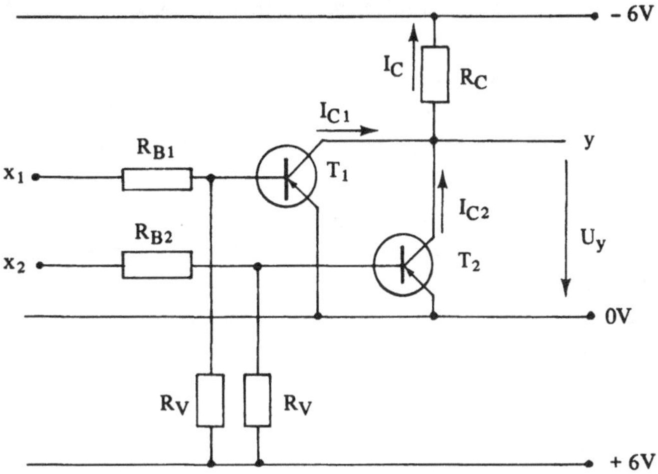

Ein Strom $I_c > O$ tritt auf, wenn entweder der Transistor T_1 oder T_2 oder beide leiten. Nur wenn beide Transistoren sperren, wird $I_c = O$.

Die elektrischen Zustände, die den vier möglichen O, L-Kombinationen in der Wertetafel entsprechen, können in einer Tabelle zusammengestellt werden.

Aufgabe 16

Welche Werte sind noch in die folgende Tabelle einzutragen?

Eingangs-variable		Betriebs-zustand		Strom	Spannung	Ausgangs-variable
x_1	x_2	T_1	T_2	I_c	U_y	$y = \overline{x_1 \vee x_2}$
O (OV)	O (OV)					
O (OV)	L (-6V)					
L (-6V)	O (OV)					
L (-6V)	L (-6V)					

4. Kippstufen

Kippstufen sind digitale Schaltungen, die zur Speicherung, Verzögerung und Erzeugung von Impulsen eingesetzt werden. In den folgenden Abschnitten werden

Kippstufen, die aus zwei Transistoren aufgebaut sind, behandelt. Drei Arten derartiger Kippstufen sind von Bedeutung:

a) Bistabile Kippstufe (Flip-Flop):
Die Bistabile Kippstufe hat zwei stabile Zustände bzw. Schaltstellungen und kann durch Steuerimpulse von einer Schaltstellung in die andere gebracht werden.

b) Monostabile Kippstufe (Monoflop):
Die Monostabile Kippstufe hat nur eine stabile Schaltstellung. Durch einen Steuerimpuls kann sie kurzzeitig in ihre andere ‚quasi-stabile' Schaltstellung gebracht werden, kippt aber dann wieder in ihre stabile Ausgangsstellung zurück.

c) Astabile Kippstufe:
Die Astabile Kippstufe besitzt keine stabile Schaltstellung. Sie kippt laufend zwischen ihren quasi-stabilen Schaltstellungen hin und her.

Die Funktionsweise der Grundverknüpfungen, die in den letzten Kapiteln dargestellt wurden, konnte allein am statischen Verhalten der Schaltungen erklärt werden. Zum Verständnis der Kippstufen ist es jedoch erforderlich, auch auf das dynamische Schaltverhalten des Transistors einzugehen.

4.1. Dynamisches Verhalten des Transistors

Die statische Betrachtungsweise untersucht die zwei Betriebsarten: Sättigung und Sperrzustand des Transistors. Die Untersuchung des dynamischen Verhaltens des Transistors bezieht die elektrischen Vorgänge in der zeitlichen Phase des Übergangs zwischen diesen Zuständen in die Betrachtung mit ein.

Antwort 16

Eingangsvariable		Betriebszustand		Strom	Spannung	Ausgangsvariable
x_1	x_2	T_1	T_2	I_c	U_y	$y = \bar{x}_1 \& \bar{x}_2$
O (OV)	O (OV)	sperrt	sperrt	= O	- 6V	L
O (OV)	L (-6V)	sperrt	leitet	> O	OV	O
L (-6V)	O (OV)	leitet	sperrt	> O	OV	O
L (-6V)	L (-6V)	leitet	leitet	> O	OV	O

An den Eingang der nebenstehenden Schaltung wird eine Rechteckspannung u_e angelegt.

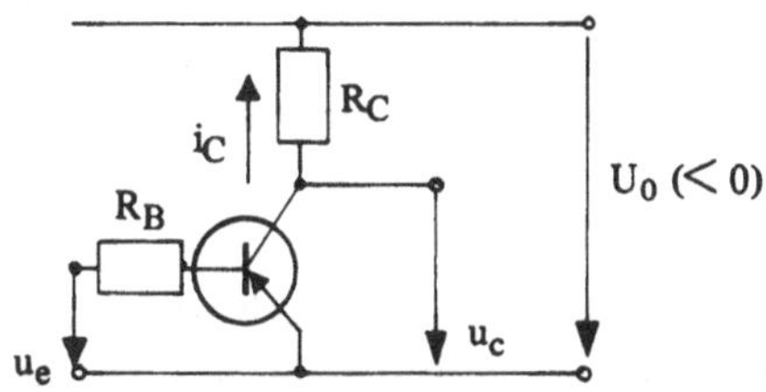

Bei idealem Transistor würde sich dadurch ein rechteckförmiger Verlauf des Kollektorstromes i_C einstellen.

idealer Transistor:

realer Transistor:

t_{an} = Anstiegszeit
t_s = Speicherzeit
t_{ab} = Abfallzeit

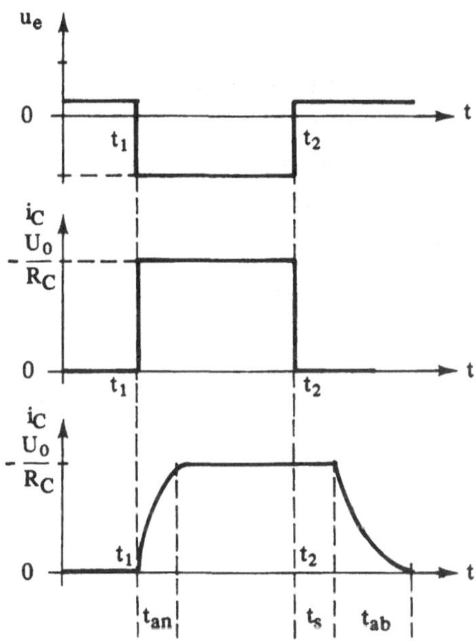

Auf Grund seiner physikalischen Eigenschaften zeigt der Transistor jedoch ein anderes Verhalten. Es ist gekennzeichnet durch drei Schaltzeiten:

a) Anstiegszeit t_{an}
b) Speicherzeit t_s
c) Abfallzeit t_{ab}

zu a)
Nach dem Umpolen der Eingangsspannung u_e im Zeitpunkt t_1 springt der Strom i_C nicht sofort auf den Wert $- U_0/R_C$. Er erreicht diesen Wert durch exponentiellen Anstieg erst nach der Zeit t_{an}. Dieser Anstieg bedeutet einen Übergang vom Arbeitspunkt (a) zum Arbeitspunkt (b) auf der Widerstandsgeraden (S. 106) Dieser Übergangsvorgang ist um so schneller abgeschlossen, je stärker der Transistor übersteuert wird. Die Übersteuerung wird um so größer, je kleiner der Widerstand R_B bei gegebener Eingangsspannung u_e ist.

zu b)
Die Speicherzeit t_s tritt nur auf, wenn der Transistor vorher übersteuert war. In diesem Fall ist die Basiszone des Transistors mit Ladungsträgern überfüllt. Der Strom i_C fließt solange in unveränderter Größe, bis der Ladungsüberschuß aus der Basiszone entfernt ist. Den dazu nötigen Zeitbedarf nennt man die Speicherzeit t_s. Während t_s verbleibt der Arbeitspunkt des Transistors in b) (S. 106).

zu c)
Der Transistor erreicht den Sperrzustand wieder, indem sich der Arbeitspunkt entlang der Widerstandsgeraden von b) nach a) verlagert. Die dazu benötigte Übergangszeit nennt man Abfallzeit t_{ab}.

Um ein schnelles Schaltverhalten der Schaltung zu erreichen, werden kleine Zeiten t_{an} und t_s angestrebt. Dies kann mit Hilfe eines Kondensators C erreicht werden, der parallel zum Widerstand R_B geschaltet wird.

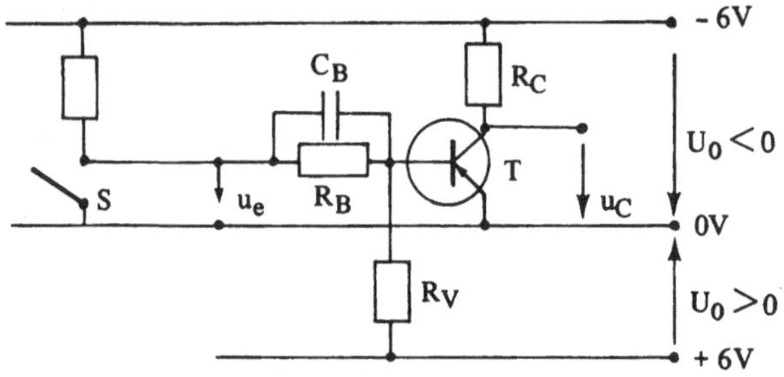

Aufgabe 17

Warum können durch diesen Kondensator C die Anstiegszeit t_{an} und die Speicherzeit t_s verkürzt werden?

4.2. Bistabile Kippstufe (Flip-Flop)

Eine Bistabile Kippstufe entsteht aus zwei hintereinander geschalteten Transistorstufen, wenn der Ausgang des zweiten Transistors auf den Eingang des ersten Transistors zurückgeführt wird. Zur Verbesserung des Schaltverhaltens werden die Basiswiderstände R_{B1} und R_{B2} durch Kondensatoren (C_B) überbrückt.

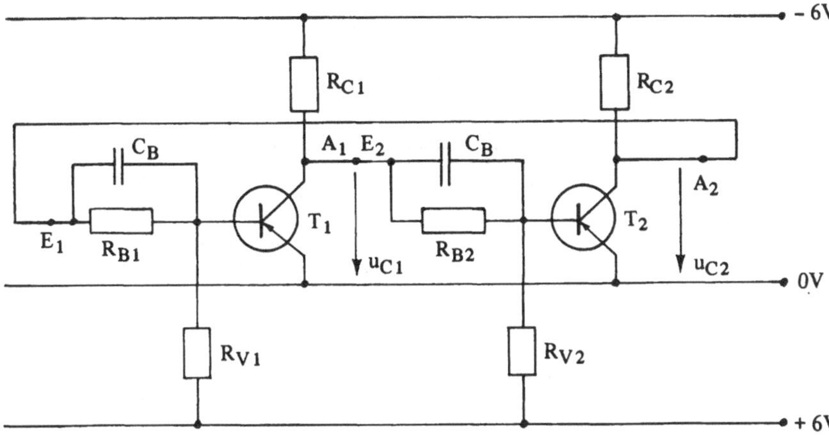

Die Bistabile Kippstufe hat – wie der Name angibt – zwei stabile Zustände:

1. T_1 sperrt und T_2 leitet
2. T_1 leitet und T_2 sperrt

Die zwei Fälle ‚beide Transistoren sperren' und ‚beide Transistoren leiten' können nicht eintreten.

Um die Wirkungsweise der Schaltung zu erklären, werde die Annahme getroffen, der Transistor T_1 sei gesperrt. Da $R_{C1} \ll R_{V2}, R_{B2}$, liegt der Kollektor von T_1 ungefähr auf - 6V. Der Spannungsteiler R_{V2} ist so ausgelegt, daß die Basis von T_2 negativ ist. Damit ist T_2 leitend und die Kollektorspannung von T_2 beträgt etwa OV.

Über die Widerstände R_{V1} und R_{B1} wird die Basis von T_1 positiv vorgespannt und T_1 ist gesperrt – was oben auch vorausgesetzt war. Die Rückwirkung von T_2 auf T_1 sichert also, daß die Schaltung ihren Zustand (Fall 1) beibehält.

Ein genügend langer negativer Impuls an E_1 führt T_1 in den leitenden Zustand über. Seine Kollektorspannung sinkt auf etwa OV ab. Dies hat zur Folge, daß über den Spannungsteiler R_{V2}, R_{B2} die Basis von T_2 positiv wird. T_2 wird damit in den Sperrzustand übergeführt. Die Kollektorspannung von T_2 und damit auch der Punkt E_1 sinken auf etwa - 6V.

Die Wirkung des ursprünglichen negativen Impulses an E_1 bleibt also erhalten. Die Kippstufe hat ihren anderen stabilen Zustand (Fall 2) angenommen.

Zur grafischen Darstellung des zeitlichen Verlaufs der Kollektorspannungen bei Wechsel der stabilen Zustände, werden folgende Annahmen getroffen:

Zeitpunkt t_1: negativer Impuls auf die Basis von T_1 (Punkt E_1 in der Schaltung)
Zeitpunkt t_2: negativer Impuls auf die Basis von T_2 (Punkt E_2 in der Schaltung)

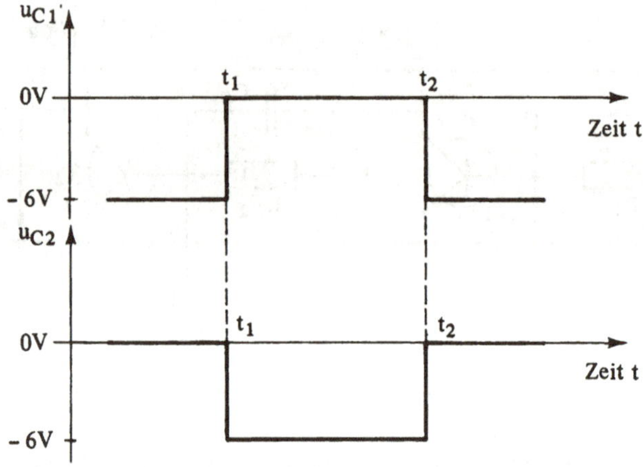

Aufgabe 18

Der Übergang von einem stabilen Zustand in den anderen kann auch durch einen positiven Impuls eingeleitet werden. An welchen Transistoreingang E_1 oder E_2 müßten positive Impulse zu den Zeitpunkten t_1 und t_2 angelegt werden, um obigen Verlauf von u_{C1} und u_{C2} zu erhalten?

Antwort 17

Bei geschlossenem Schalter S ist die Eingangsspannung u_e Null. Der Transistor T sperrt. Der Kondensator C ist entladen.

Nach Öffnung von Schalter S wird durch den hohen Ladestrom des Kondensators der Transistor T schnell vom Sperrzustand in den Sättigungszustand übergeführt, d. h. t_{an} ist klein. Sobald der Kondensator aufgeladen ist, fließt nur noch ein Basisstrom über den Widerstand R_B.

Durch entsprechende Wahl von R_B wird dieser Strom so eingestellt, daß T jetzt nur schwach übersteuert ist. Die Speicherzeit t_s beim Ausschalten kann somit klein gehalten werden.

Die oben angegeben Schaltung wird meist symmetrisch gezeichnet:

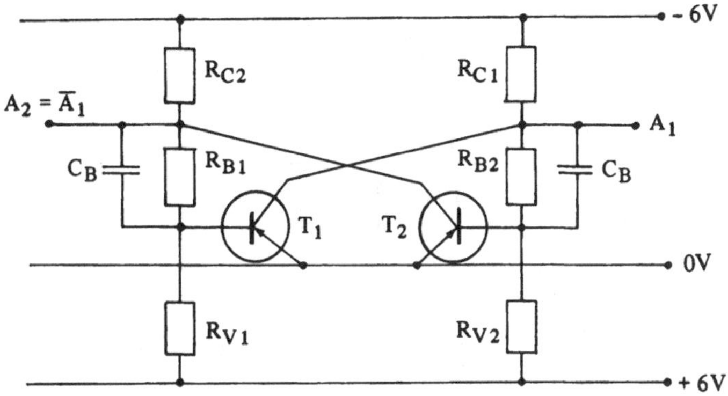

Diese Schaltung wird durch die beiden Impulseingänge (C_1, R_1, D_1) und (C_2, R_2, D_2) vervollständigt.

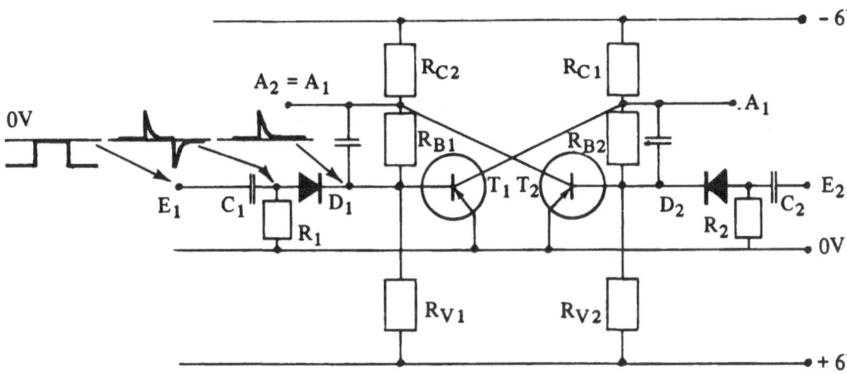

Die Wirkung der Impulseingänge kann an der folgenden Teilschaltung erklärt werden.

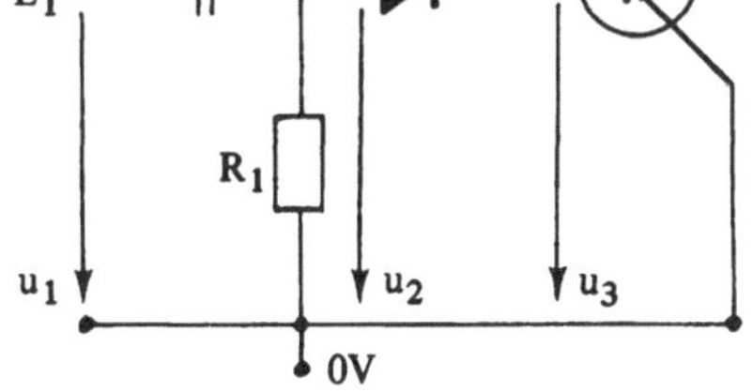

Die Eingangsspannung u_1 kann an einer vorausgehenden Transistorstufe abgegriffen werden. Sie nimmt den Wert OV oder - 6V an und repräsentiert damit die Binärwerte O und L. Die Spannung u_1 wird durch C_1 und R_1 differenziert. Am Widerstand R_1 entsteht der Spannungsverlauf u_2.

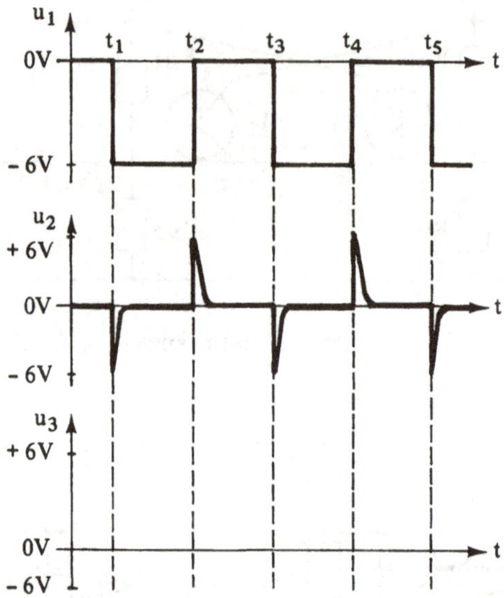

Aufgabe 19

Welchen zeitlichen Verlauf hat die Spannung u_3?

Die Bistabile Kippstufe ist eine digitale Speicherschaltung. Ihre beiden stabilen Zustände können zur Speicherung der beiden Binärwerte O und L eingesetzt werden. Zu diesem Zweck kann folgende Vereinbarung getroffen werden: Die Speicherinformation (O oder L) wird als elektrisches Signal (OV oder - 6V) stets am Ausgang A_1 abgegriffen. Der Ausgang A_2 gibt die zum Ausgang A_1 negierte Information ab.

Antwort 18

Zeitpunkt t_1: positiver Impuls an E_2, um T_2 in den Sperrzustand überzuführen

Zeitpunkt t_2: positiver Impuls an E_1, um T_1 in den Sperrzustand überzuführen

Transistor		Kollektor-spannung		Information am Ausgang		im Flip-Flop gespeicherte Information
T_1	T_2	u_{C1}	u_{C1}	A_1	A_2	$A(=A_1)$
sperrt	leitet	- 6V	OV	L	O	L
leitet	sperrt	OV	- 6V	O	L	O

Die Bistabile Kippstufe (Flip-Flop) wird in Schaltskizzen durch ein Symbol mit zwei Eingängen E_1 und E_2 angegeben.

Die beiden Ausgänge sind komplementär (A, $\bar{A}$).

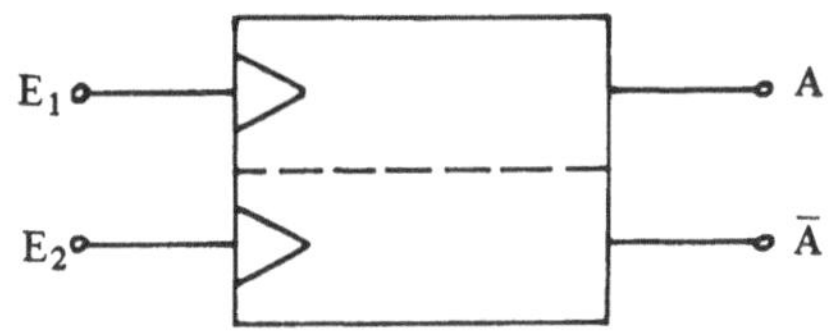

Aufgabe 20

In einem Flip-Flop sei die Information L abgespeichert (A = L). Durch entsprechende Steuerung an den Eingängen E_1 und E_2 können vier unterschiedliche Impulskombinationen an die Basis von T_1 und T_2 gelangen:

Fall	Basis		gespeicherte Information
	B_1	B_2	A
1	kein Impuls	kein Impuls	
2	kein Impuls	positiver Impuls	
3	positiver Impuls	kein Impuls	
4	positiver Impuls	positiver Impuls	

a) Sind alle Impulskombinationen erlaubt?
b) Welche Information ist nach Eintreten obiger Fälle im Flip-Flop abgespeichert?

4.3. Monostabile Kippstufe (Monoflop)

Im Gegensatz zum Flip-Flop hat das Monoflop – wie seine Bezeichnung besagt – nur eine stabile Schaltstellung, die auch als Ruhezustand bezeichnet wird. Der andere Zustand kann nicht ständig beibehalten werden. Er wird quasistabil genannt, da die Schaltung nach einer gewissen Zeit aus diesem Zustand wieder den stabi-

Antwort 19

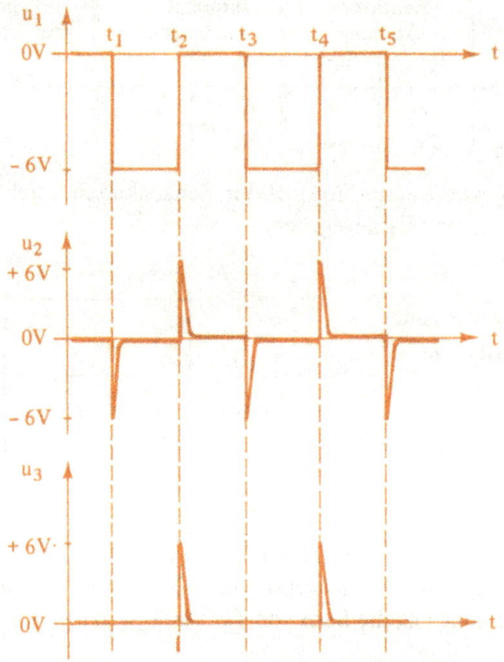

Ist $u_2 > 0$, so wird die Diode D_1 in Durchlaßrichtung betrieben. An ihr fällt praktisch keine Spannung ab und damit muß $u_3 = u_2$ sein.

Ist $u_2 < 0$, so wird D_1 in Sperrichtung betrieben: Ihr Innenwiderstand ist unendlich, d. h. die gesamte Spannung u_2 fällt an D_1 ab und es ist $u_3 = 0$.

Nur die positiven Impulse von u_2 gelangen an die Basis von T_1.

Antwort 20

zu a) Ein positiver Impuls an B_1 und B_2 ist nicht erlaubt, da beide Transistoren nicht gleichzeitig in den Sperrzustand gebracht werden können. Der 4. Fall ist also verboten.

zu b)

Fall	A
1	L
2	O
3	L
4	verboten

War dagegen die Ausgangsinformation des Flip-Flop (A =) O, so bleibt im Fall 1 weiterhin A = O.

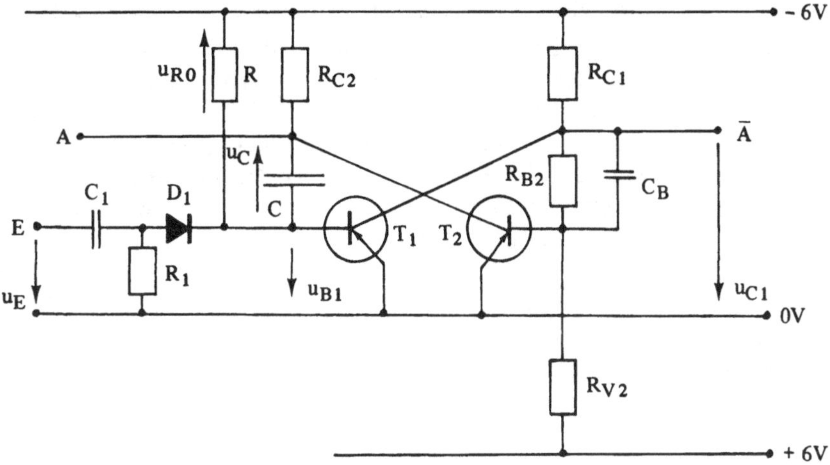

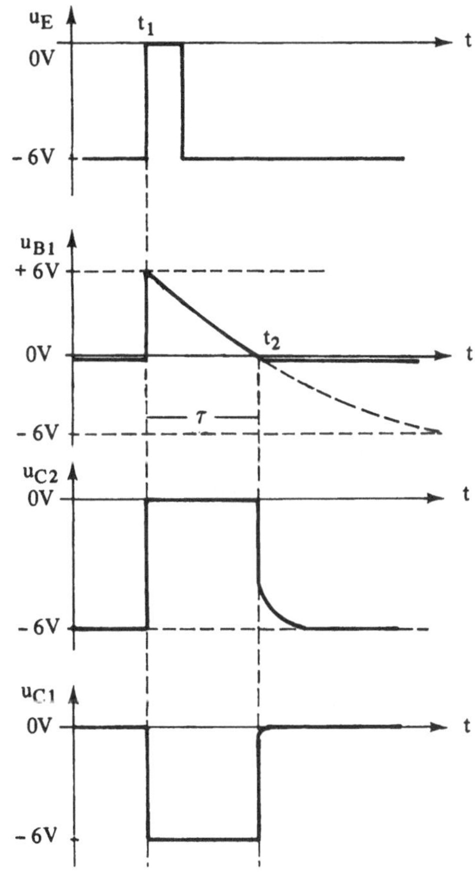

len Zustand zurückkehrt. Im Ruhezustand ist T_1 leitend und T_2 sperrt. Durch einen positiven Impuls an der Basis von T_1 wird dieser gesperrt. Die Schaltung kippt in den quasistabilen Zustand um, d. h. T_2 wird jetzt leitend. Während des Umkippens springt die Kollektorspannung von T_2 von - 6V auf etwa 0V.

Über den Kondensator wird dieser Spannungssprung von 6 V auf die Basis von T_1 übertragen. Dadurch wird das Basispotential von T_1 auf ca + 6 V angehoben. T_1 bleibt damit vorerst gesperrt. Im Ruhezustand war der Kondensator C auf u_C = + 6 V aufgeladen. Der Kondensator C entlädt sich über den Widerstand R und strebt die Spannung u_C = - 6 V an. Durch diesen Umladevorgang wird das Basispotential von T_1 verringert. Sobald die Basis von T_1 negativ wird, beginnt T_1 zu leiten. Die Monstabile Kippstufe kippt in ihre ursprüngliche, stabile Schaltstellung zurück. Der Kippvorgang dauert etwa $\tau = 0{,}7 \cdot R \cdot C$.

Nun lädt sich der Kondensator C über den leitenden Transistor T_1 und den Widerstand R_2 wieder auf + 6 V auf. Erst wenn dieser Aufladevorgang beendet ist, liegt der Kollektor von T_2 auf - 6 V.

Aufgabe 21

Welchen Wert hatte die Kondensatorspannung u_C im Moment des Zurückkippens der Schaltung (Zeitpunkt t_2)?

Als Kurzzeichen für das Monoflop verwendet man das nebenstehende Symbol.

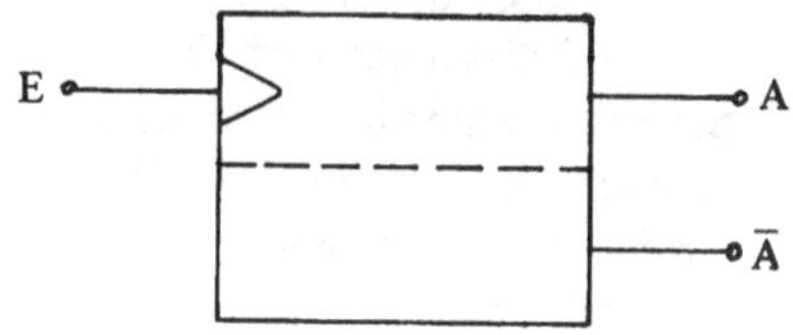

Legt man an den Eingang eine Spannung u_E entsprechend S. , so kann am Ausgang A bzw. $\bar{A}$ die Spannung u_{C2} bzw. u_{C1} abgegriffen werden. Ein positiver Spannungssprung von u_E zum Zeitpunkt t_1 wird am Ausgang A zeitgleich (als u_{C2}) und am Ausgang $\bar{A}$ nach der Verzögerungszeit (als u_{C1}) zum Zeitpunkt t_2 abgegeben.

Das Monoflop kann also zur zeitlichen Verzögerung von Impulsen (positiver Spannungssprung) angewandt werden.

4.4 **Astabile Kippstufe** (Multivibrator)

Die Astabile Kippstufe besitzt keinen stabilen Zustand. Sie kippt periodisch zwischen ihren zwei quasistabilen Zuständen hin und her. Verwendet wird sie zur Erzeugung von Rechteckspannungen.

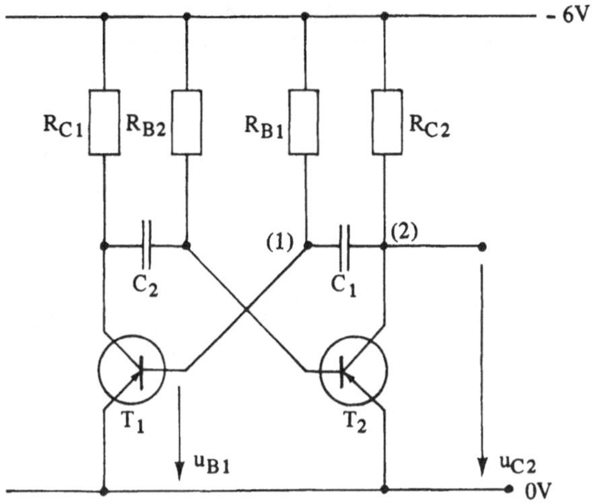

Im Gegensatz zum Monoflop ist die Astabile Kippstufe symmetrisch bezüglich der Transistoren T_1 und T_2. An T_1 und T_2 treten die gleichen elektrischen Vorgänge im zeitlichen Wechsel auf.

Die Spannung u_{C1} bzw. u_{B2} zeigt den gleichen Verlauf wie die Spannung u_{C2} bzw. u_{B1} – jedoch zeitlich versetzt.

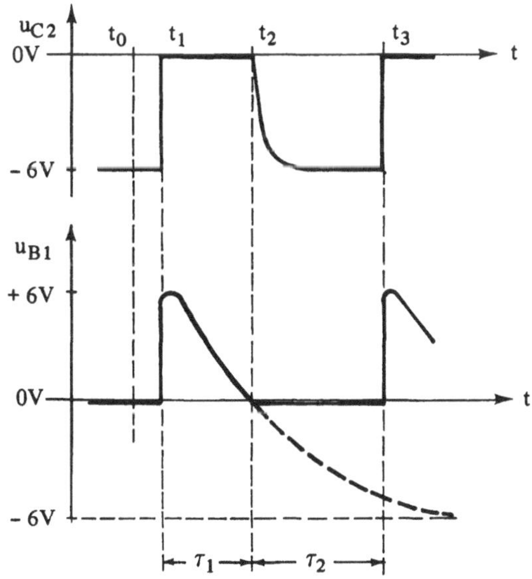

Im Zeitpunkt t_1 werde der Transistor T_2 leitend. Damit steigt das Potential am Kollektor von T_2 (Punkt (2)) auf etwa OV an. Dieser positive Spannungssprung von 6 V wird von der Kapazität C_1 auf die Basis von T_1 übertragen. Der Transistor T_1 wird dadurch gesperrt. Die Kollektorspannung von T_1 sinkt auf - 6 V.

Durch Entladung von C_1 über R_{B1} strebt das Potential in Punkt (1) von + 6 V gegen - 6 V. In gleicher Weise verändert sich die Basisspannung u_{B1} Sobald u_{B1} einen geringen negativen Wert erreicht hat (Zeitpunkt t_2), beginnt T_1 wieder zu leiten.

Der beschriebene Vorgang zwischen den Zeitpunkten t_1 und t_2 läuft nun mit vertauschten Rollen von T_1 und T_2 in der Zeit von t_2 bis t_3 ab.

Im Zeitpunkt t_3 nimmt die Astabile Kippstufe den Zustand wieder ein, den sie im Zeitpunkt t_1 inne hatte. Die Vorgänge im Zyklus t_1 bis t_2 wiederholen sich fortwährend.

Aufgabe 22

Die Zeitkonstanten τ_1 und τ_2 (vgl. Zeichnung S. 125) lassen sich formelmäßig durch Vergleich der Astabilen Kippstufe mit dem Monoflop angeben.

Mit der Astabilen Kippstufe lassen sich Rechteckspannungen u_{C2} und u_{C1} erzeugen. Die Astabile Kippstufe wird deshalb in der digitalen Schaltungstechnik häufig als Impulsgeber (Taktgeber) eingesetzt.

Antwort 21

Im Zeitpunkt t_2 ist die Basis von T_1 leicht negativ. Der Transistor T_2 befindet sich noch in der Sättigung. Die Kollektorspannung von T_2 hat ebenfalls geringen negativen Wert. Die Kondensatorspannung u_C ergibt sich damit als Differenz zu ungefähr Null.

Antwort 22

Die Bauelemente C_1 und R_{B1} bzw. C_2 und R_{B2} der Astabilen Kippstufe entsprechen funktional den Bauelementen C und R des Monoflop. Damit gilt:

$\tau_1 = 0{,}7 \cdot C_1 \cdot R_{B1}$,

$\tau_2 = 0{,}7 \cdot C_2 \cdot R_{B2}$.

Literaturverzeichnis

Dosse, J.: Der Transistor, 4. Aufl., München 1962

Groh, H./Weber, W.: Digitaltechnik I: Elemente der mathematischen Entwurfsverfahren, Düsseldorf 1969

Hoernes, G. E./ Heilweil, M. F.: Boole'sche Algebra und Logik-Entwurf, München 1968

Rechenberg, P.: Grundzüge digitaler Rechenautomaten, 2. Aufl., München 1968

Rumpf, K. H./Pulvers, M.: Transistor-Elektronik, 3. Aufl., VEB Technik, Berlin 1967

Stahl, K.: Industrielle Steuerungstechnik in schaltalgebraischer Behandlung, München 1965

Weyh, U.: Elemente der Schaltungsalgebra, 5. Aufl., München 1968

FSC
www.fsc.org
MIX
Papier | Fördert
gute Waldnutzung
FSC® C083411

Zeitfracht Medien GmbH
Ferdinand-Jühlke-Straße 7
99095 Erfurt, Deutschland
produktsicherheit@kolibri360.de